Midjourney
创作从入门到应用

靳中维 刘珂敏 李艮基 ◎ 编著

人 民 邮 电 出 版 社
北 京

图书在版编目（CIP）数据

AI视觉艺术 : Midjourney创作从入门到应用 / 靳中维，刘珂敏，李艮基编著. -- 北京 : 人民邮电出版社，2023.7
ISBN 978-7-115-61875-7

Ⅰ. ①A… Ⅱ. ①靳… ②刘… ③李… Ⅲ. ①图像处理软件 Ⅳ. ①TP391.413

中国国家版本馆CIP数据核字(2023)第110220号

内 容 提 要

这是一本 Midjourney 图像创作指南。全书共 3 章，第 01 章为 Midjourney 简介，带领读者初步认识 AI 艺术和 Midjourney，介绍了 Midjourney 的安装和简单操作；第 02 章为 Midjourney 入门，介绍了如何设置提示词，以及 Midjourney 的相关参数设置、指令工具和出图方式；第 03 章为 Midjourney 实战，包括生成设计作品、生成绘画作品和生成摄影作品。本书详细介绍了 Midjourney 的基本功能、操作方法和实际应用，没有美术基础，甚至没有英语基础的读者在阅读本书后，也可以使用 Midjourney 创作出属于自己的作品。

本书适合对 AI 图像创作感兴趣的读者和有 AI 图像创作需求的设计师、插画师等阅读参考。

◆ 编　　著　靳中维　刘珂敏　李艮基
责任编辑　赵　迟
责任印制　马振武
◆ 人民邮电出版社出版发行　北京市丰台区成寿寺路 11 号
邮编　100164　电子邮件　315@ptpress.com.cn
网址　http://www.ptpress.com.cn
北京宝隆世纪印刷有限公司印刷
◆ 开本：787×1092　1/16
印张：9　2023 年 7 月第 1 版
字数：190 千字　2023 年 7 月北京第 1 次印刷

定价：79.00 元

读者服务热线：(010)81055410　印装质量热线：(010)81055316
反盗版热线：(010)81055315
广告经营许可证：京东市监广登字 20170147 号

前言

人工智能（AI）已经深入人们的日常生活和工作，它可以陪人聊天、编故事、写程序、生成音乐、生成真人视频、回答问题，也可以进行艺术创作。在艺术领域，应用AI技术可以自动生成各类艺术作品，如绘画作品、摄影作品、设计作品等。许多新事物的产生都会在社会上引发巨大的波动，人们最初会对它们感到好奇、兴奋，之后可能会产生焦虑情绪，最后会进行深入思考和积极探索。

AI只是一个更为先进的工具而已，为什么大家会感到焦虑甚至对它产生排斥呢？因为大家觉得自己有可能被取代，自己通过数十年学习掌握的知识、技术有可能被“门外汉”用AI工具分分钟获得甚至超越，大家不甘心。但趋势是无法逆转的。这么好的工具为什么不用呢？技术的发展不就是为了解放生产力吗？现在AI工具所使用的素材是数千年来人类积累的各种文明成果。网络上的数据通过多层神经网络转变成更加复杂和高质量的数据。这些数据可以为人类所用，发挥更大的作用。牛顿说过：“我之所以能看得更远，是因为我站在了巨人的肩膀上。”深层算法数据不断迭代叠加所引发的已不是量变，而是真正的质变。

AI技术爆发不过是最近一两年的事情，但它在各个领域所展现出的应用潜力已非常巨大，当人们逐渐冷静下来，认识到AI技术的价值和潜力，并开始积极地利用和管理AI技术时，人类将会在21世纪取得更加卓越的进步和发展。

以上只是笔者对AI的一些感受。在这本书中，笔者会详细介绍Midjourney，目的是让没有美术基础，甚至没有英语基础的人也可以使用Midjourney创作出属于自己的作品。通过各种实战案例，希望读者能熟练运用Midjourney，为自己的实际工作和生活提供更多帮助，真正做到学以致用。

靳中维

“数艺设”教程分享

本书由“数艺设”出品，“数艺设”社区平台（www.shuyishe.com）为您提供后续服务。

“数艺设”社区平台 为艺术设计从业者提供专业的教育产品。

与我们联系

我们的联系邮箱是 szys@ptpress.com.cn。如果您对本书有任何疑问或建议，请您发邮件给我们，并请在邮件标题中注明本书书名及ISBN，以便我们更高效地做出反馈。

如果您有兴趣出版图书、录制教学课程，或者参与技术审校等工作，可以发邮件给我们。如果学校、培训机构或企业想批量购买本书或“数艺设”出版的其他图书，也可以发邮件联系我们。

关于“数艺设”

人民邮电出版社有限公司旗下品牌“数艺设”，专注于专业艺术设计类图书出版，为艺术设计从业者提供专业的图书、视频电子书、课程等教育产品。出版领域涉及平面、三维、影视、摄影与后期等数字艺术门类，字体设计、品牌设计、色彩设计等设计理论与应用门类，UI 设计、电商设计、新媒体设计、游戏设计、交互设计、原型设计等互联网设计门类，环艺设计手绘、插画设计手绘、工业设计手绘等设计手绘门类。更多服务请访问“数艺设”社区平台 www.shuyishe.com。我们将提供及时、准确、专业的学习服务。

目录

第01章

Midjourney 简介

第02章

Midjourney 入门

第 03 章

Midjourney 实战

附录

第01章

Midjourney简介

1.1 什么是 AI 艺术

AI 艺术是指使用 AI 技术创作的艺术作品，包括 AI 诗歌、AI 音乐、AI 绘画等多种艺术表现形式，本书主要围绕 Midjourney 可以生成的图形图像进行讲解。AI 艺术可以被视为计算机程序与人类合作创作作品，因为计算机程序需要人类的指导和操作，并且它是在深度学习了许多人类艺术家的作品后生成艺术作品的。AI 艺术的概念已经存在了几十年，近年来，由于机器学习等技术的发展，它变得更加成熟和普及。

除了 Midjourney，比较流行的 AI 图像生成工具还有 Stable Diffusion、Dall-E、Imagen、VQGAN+CLIP、Dream、Disco Diffusion 等。这些工具中最热门的就是 Midjourney 和 Stable Diffusion，它们都可以根据一段描述性文字或关键词自动生成一幅作品。

AI 艺术的好处如下。

（1）提高能力：AI 工具可以帮助人们突破自身的瓶颈，取得意想不到的效果。没有绘画基础的人也可以利用 AI 工具创作出自己的作品。

（2）提高效率：使用 AI 工具可以节省人们的时间。AI 工具可以在几分钟内生成数张图，速度非常快，人们可以从中挑选出自己最满意的作品进行修改和完善，这大大提高了生产效率。

（3）激发创意：AI 可以激发人们的创意。人们可以利用 AI 工具来探索新的艺术风格，从而创作出更加独特和具有创意性的艺术作品。

（4）降低成本：AI 可以降低艺术作品的创作成本。传统艺术家在创作过程中往往需要使用昂贵的材料和工具，如油画颜料和摄影器材等。使用 AI 工具进行创作就不存在这些问题。

通过 AI，人们可以进入自己未曾涉足过的领域，如服装设计、IP 开发、装饰画设计、图书插画设计等。AI 在艺术领域的应用已经成为一种趋势，它推动了艺术创新和艺术市场格局的变革。

没有美术基础、英语基础的人也可以利用 AI 技术创作出具有美感和创意的艺术作品。AI 可以推动人类艺术的发展和创新，为人们的生活带来新的可能性。

1.2 Midjourney 能做什么

Midjourney 是目前最流行的 AI 图像生成工具之一，官网上对 Midjourney 的介绍是：“Midjourney 是一个独立的研究实验室，旨在探索新的思维媒介，增强人类的想象力。” 对于 Midjourney 来说，任何图像类的作品它都可以生成，包括绘画作品（如油画、水彩画、国画、素描、数字绘画、漫画等）、摄影作品（如人物摄影、风景摄影、动物摄影、微观摄影、美食摄影等）、3D 作品（如城市、人物、动物、妖魔鬼怪等）、电商作品（如 UI 界面设计、H5 页面设计等），以及设计作品（如包装设计、平面设计、影视设计、建筑设计、装修设计、城市景观设计、服装设计、首饰设计、工业产品设计等）。并且 Midjourney 可以生成各种风格的作品。

AI 算图的方式是混合大量图像数据。起初，大家把生成图像的 AI 工具称为“缝合怪”，因为早期用 AI 工具生成的图像中各种元素拼凑的痕迹过于明显。Midjourney 在这方面比较有优势：根据参考图片生成的图像和参考图片有着非常大的差异，Midjourney 会尽量避免它们具有过大的相似性。

Midjourney 是一个比较特别的工具，它是聊天应用中的一个社区，在界面中可以看到很多用户的图像生成过程，包括使用的关键词、参数的设置、调整的方式等。用户在互相学习的同时，开发人员会根据反馈不断优化功能，反馈和优化在不间断地持续进行。

如下图所示，Midjourney 画廊会随机展示部分社区用户生成的作品，这些作品包含各种题材和风格。

右侧的两张图是笔者用Midjourney生成的。第一张图是摄影风格的作品，第二张图是插画风格的作品。可以看出，Midjourney可以在多种风格间任意切换，而这是大部分人无法做到的。

1.3 Midjourney 的安装和订阅

Midjourney 与其他软件的不同之处在于，它是一款聊天应用——Discord 中的一个社区。Discord 起初是一款聊天软件，用户主要是游戏玩家，如今随着 AI 的大热，平台涌入了很多进行 AI 图像生成的用户。

1 安装与体验

第 1 步： 注册。登录 Midjourney 主页，创建一个账号，填写要求的所有信息。经笔者测试，Gmail 邮箱和 QQ 邮箱都支持。

第 2 步： 创建服务器或使用邀请码进入服务器。注册好之后即可登录，这时界面会弹出一个对话框，让用户创建首个服务器。可以单击“亲自创建”按钮，自己创建一个服务器；如果有朋友的邀请码，就不需要创建服务器了，直接单击底部的“已经有了邀请？加入服务器”即可。

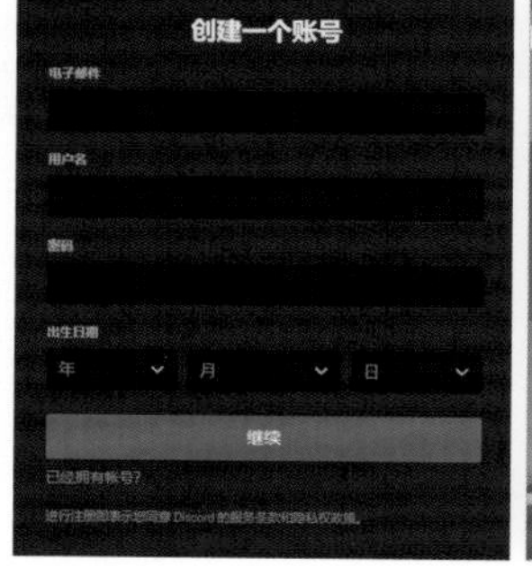

第 3 步：添加 Midjourney 服务器。进入社区后，会发现崭新的服务器内什么都没有，这时需要登录注册时使用的邮箱进行验证。验证完以后回到 Midjourney 界面，在界面最左侧，单击右图（左）所示的“探索公开服务器”图标，看到特色社区中的 Midjourney，直接单击即可，如右图（右）所示。

第 4 步：（1）选择房间。第一次在 Midjourney 中进行操作时，需要加入一个新人房间（NEWCOMER ROOMS），如下图数字 1 绿框所示，任意选择一个新人（newbies），即可开始创作。喜欢热闹的用户可以在这里和大家一起创作，但这样有个弊端：创作者太多，往往需要花时间在作品堆中找自己的生成作品。（2）创建自己的创作空间。为了有一个属于自己的创作空间，可以把生成机器人单独添加至自己的服务器，按照图中数字 2 ~ 4 的顺序逐个单击，即可完成添加。

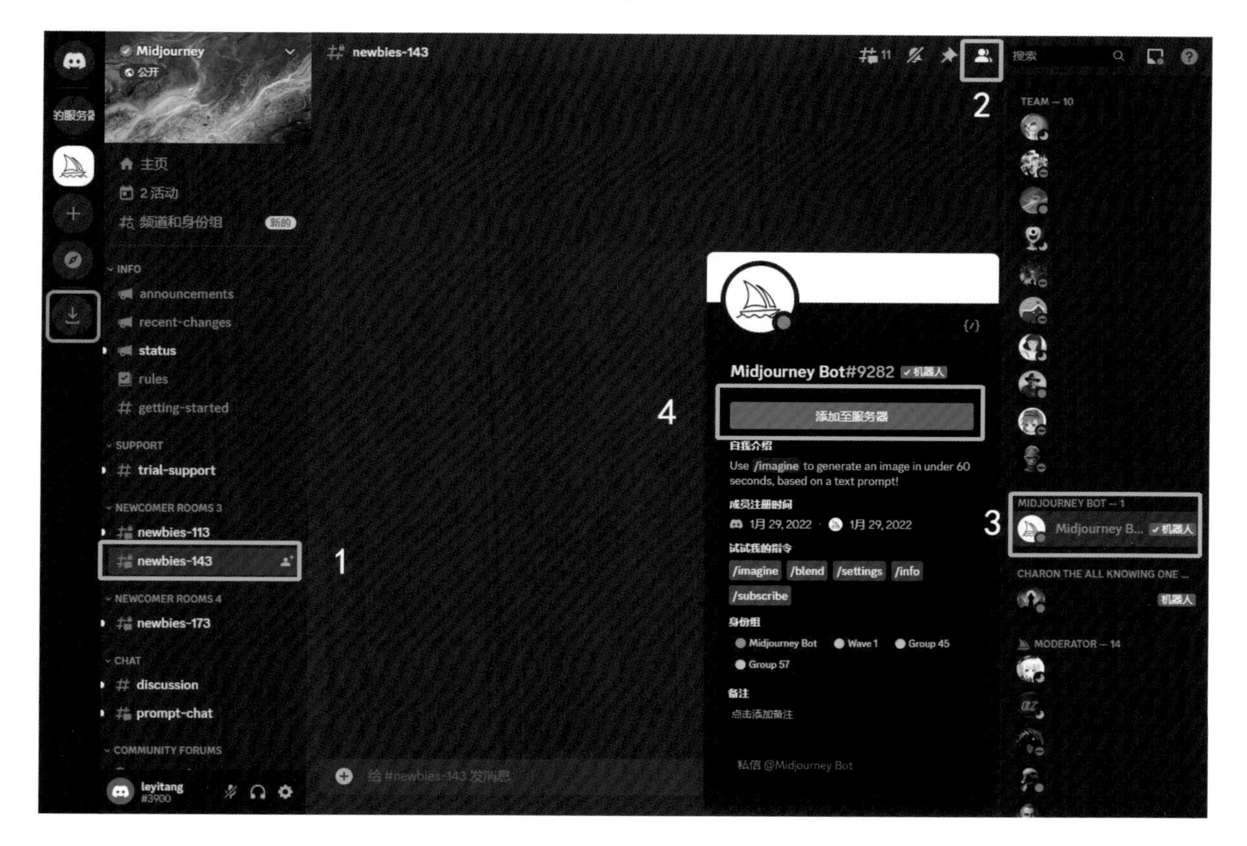

第 5 步：安装桌面 App。到第 4 步已经可以开始进行创作了，但为了获得更好的体验，可以安装桌面版 Discord App。单击界面最左侧的图标，即可下载 App。

第 6 步：初体验。在社区界面的底部，下图绿框所示的位置有一个类似对话栏的地方，输入提示词即可生成图片。具体操作可以查看 1.5 节。体验用户只有 25 次体验机会，这 25 次是指用户在社区中执行指令的次数。体验机会用完之后，就需要花钱订阅，成为会员。

2 成为会员

第 1 步：打开订阅界面。在操作界面的对话栏中输入“/”，调出“/subscribe”指令，如下图（左）所示，使该指令处于选中状态，按 Enter 键确认，单击“Open subscription page”，会弹出一个订阅计划界面，如下图（右）所示，顶部用蓝框示意的是年度会员，用绿框示意的是月度会员。下面三列分别为基本计划、标准计划、专业计划。一般选择基本计划即可，这样每月可以生成 200 张图。如果有更高的需求，也可以选择标准计划或者专业计划。

第 2 步：进入付款界面。选择好自己的订阅方式，单击对应的绿 / 蓝 / 橙按钮即可进入付费界面。最早的时候 Midjourney 支持用支付宝付费，现在只有用信用卡才可以。付费后，就可以开始畅玩了。

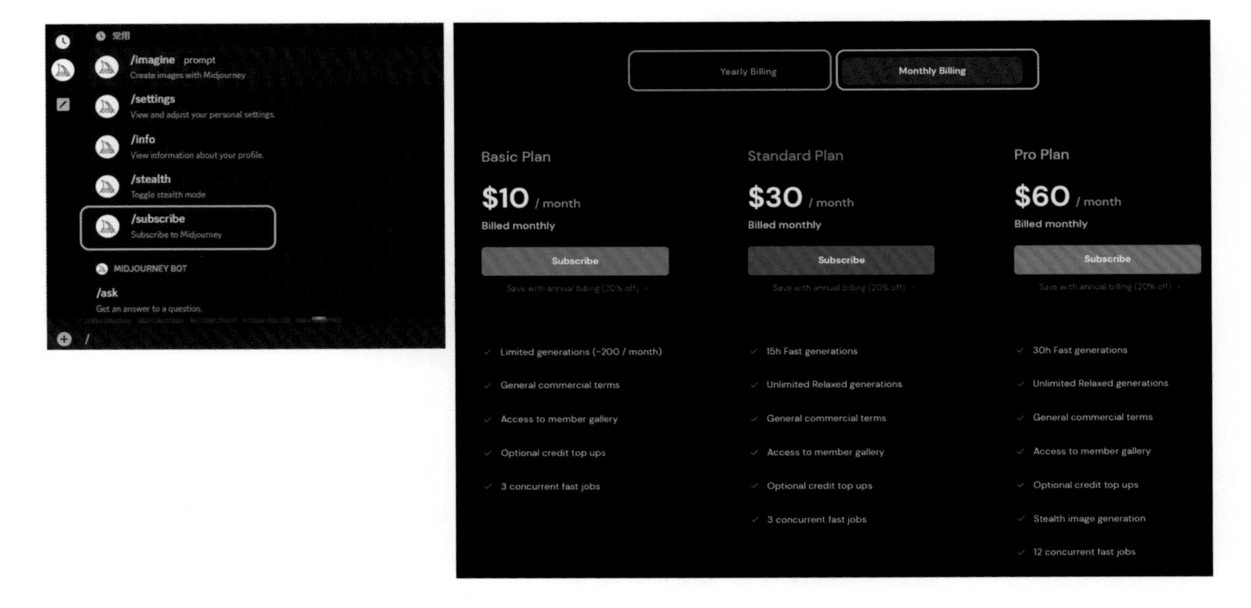

1.4 Midjourney 的界面介绍

Midjourney 是一个社区聊天服务器，所以它的界面很像聊天软件的界面。下面主要讲解最关键的 6 部分，按下图中标注的数字依次进行介绍。（根据操作顺序，生成作品主要使用 4、2、5 区域的功能。）

（1）竖栏：包含各种频道和各种身份组。从上至下依次为信息、支持、新人房间、闲谈、社区论坛、陈列窗等分组。其中最常用的就是新人房间和闲谈频道。

（2）显示区：显示生成的作品。由于是“聊天”形式，因此可以看到很多用户的发言（生成的作品）。

（3）用户列表：显示的是在线用户，可以和他们聊天。但在生成作品的过程中，用户主要是和 Midjourney Bot 机器人进行互动的。

（4）指令框：在这里输入指令，从而生成作品。

（5）作品操作按钮：这里第一次生成的 4 张图都属于预览图，精度比较低。想获得大图，就要单击图片下方对应的带有字母 U 的按钮。数字 1 ～ 4 对应的是从左到右、从上到下的图像。U 代表放大，V 代表把数字对应的图像重新生成几个有微小变化的版本。单击后面的刷新按钮，可以按目前的要求重新生成 4 张不同的图像。

（6）设置栏。单击齿轮按钮，可以查看个人的用户设置。

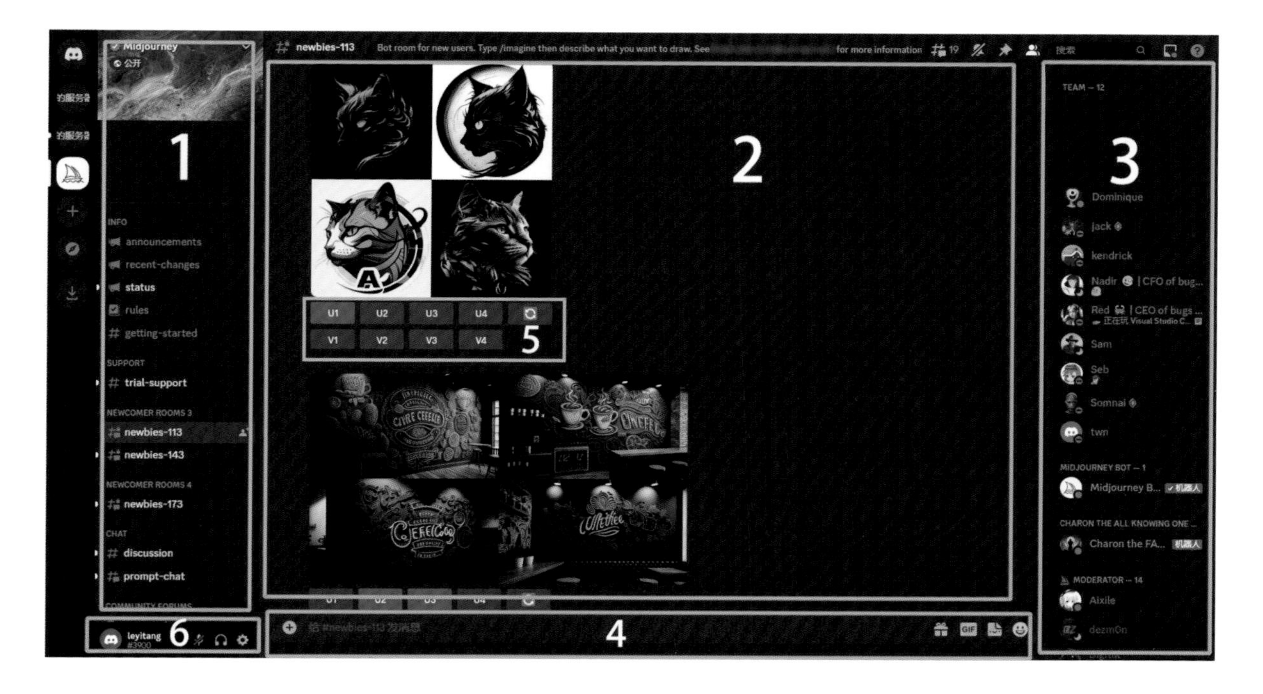

1.5 Midjourney 简单操作

创作往往需要经过模仿阶段，而模仿是一种行之有效的方法。当想要通过 Midjourney 创作图像却又无从下手的时候，可以在显示界面中观察别人的优秀作品是如何生成的。擅长英语的读者可以直接查看，英语基础欠佳的读者可以借助各类词典软件，启用取词和划词功能进行查看。主要看别人输入的是什么指令，生成的是什么样的图像，彼此有什么关联。

在 Midjourney 中输入命令的方式是：在指令框中输入“/”，调出“/imagine”，在黑框的 prompt（提示词）后面输入文字，按 Enter 键确认，即可生成图片。

大部分用户的提示词看起来不像连贯的句子，而是一些碎片式的关键词，如性别、外形、动作、国家、地点等。如果看到有用户使用提示词后面带“--”的指令，说明这些用户是老手。“--”后面的内容就是 Midjourney 的各种参数设置，这属于高级用法，2.2 节会详细讲解。

1.5.1 你的第一个 AI 绘画作品

Midjourney 可以生成各类绘画作品，如油画、水彩画、国画、素描、数字绘画、漫画等。可以先拿国画来试手。提示词是“一幅漂亮的中国山水画”。英文就是“A beautiful Chinese landscape painting”。

在指令框中输入“/”，调出“/imagine”指令，在黑框的 prompt 后面输入“A beautiful Chinese landscape painting”，之后按 Enter 键确认。如右图所示，即可得到一张这样的四格图。

怀着激动的心情，随意挑一张图，单击图片下方对应的放大按钮，看一看效果。这里选择第 3 张图，单击 U3 按钮，右图是单击后生成的图像，可以看到内容有变化，但变化不是很大，新生成的图像的尺寸和细节都会增加。

1.5.2 你的第一个 AI 摄影作品

Midjourney 可以生成各类摄影作品，如人物摄影、风景摄影、动物摄影、微观摄影、美食摄影等。不能很好地生成人物一直是 AI 被诟病的地方，可以先拿人物来试试手。

提示词是“一位穿汉服的美丽的中国姑娘”。英文就是“A beautiful Chinese girl in Hanfu”。输入英文之后按 Enter 键确认，即可得到下图（左），是 4 位很有中国特色的姑娘。

第 3 张图很有特点，背景也不错，单击 U3 按钮，放大看一看效果，如下图（右）所示。这张图的画质还可以。

1.5.3 你的第一个 AI 设计作品

Midjourney 在设计方面的表现也很好，可以用手机来试手。

提示词是“一款透明的、很有科技感的高档女士手机”。英文就是“A transparent, high-end women's phone with a sense of technology”。输入英文之后按 Enter 键确认，即可得到下图（左）。

第 3 张图中手机的质感看起来不错，可以放大看一看效果，单击 U3 按钮，画面效果如下图（右）所示。

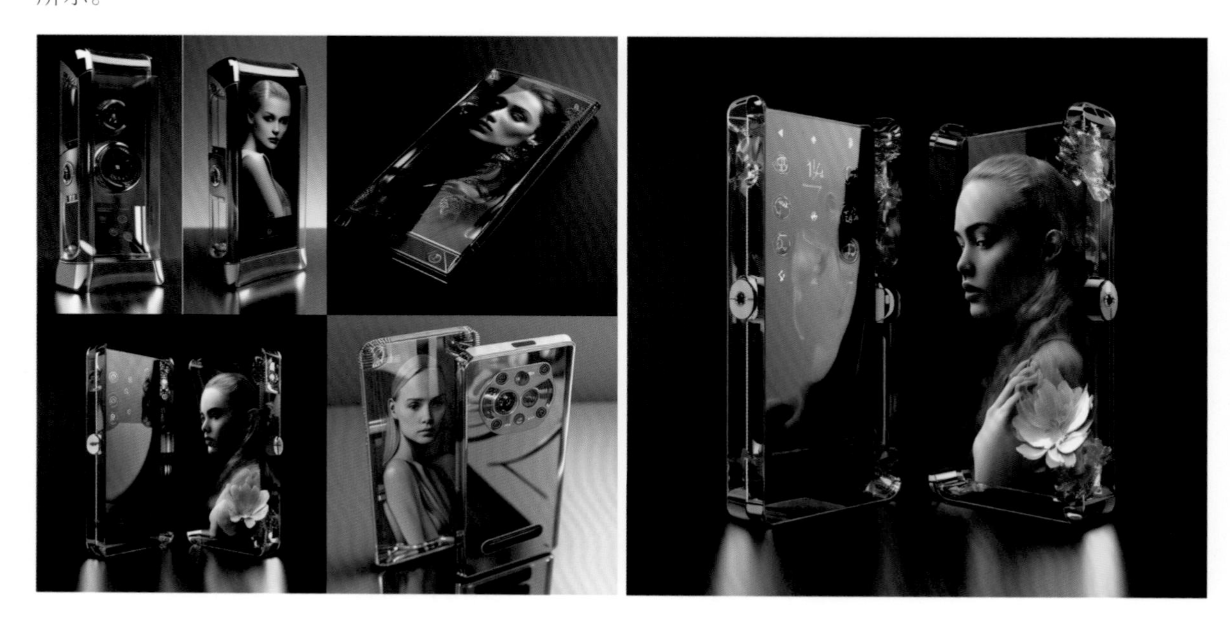

以上作品都是在没有设置任何参数的情况下默认生成的。默认使用的是 Midjourney V4 版本，V5 版本对用户输入的提示词已经有很强的理解能力。下页图所示为设置了一些专业参数之后生成的透明手机。

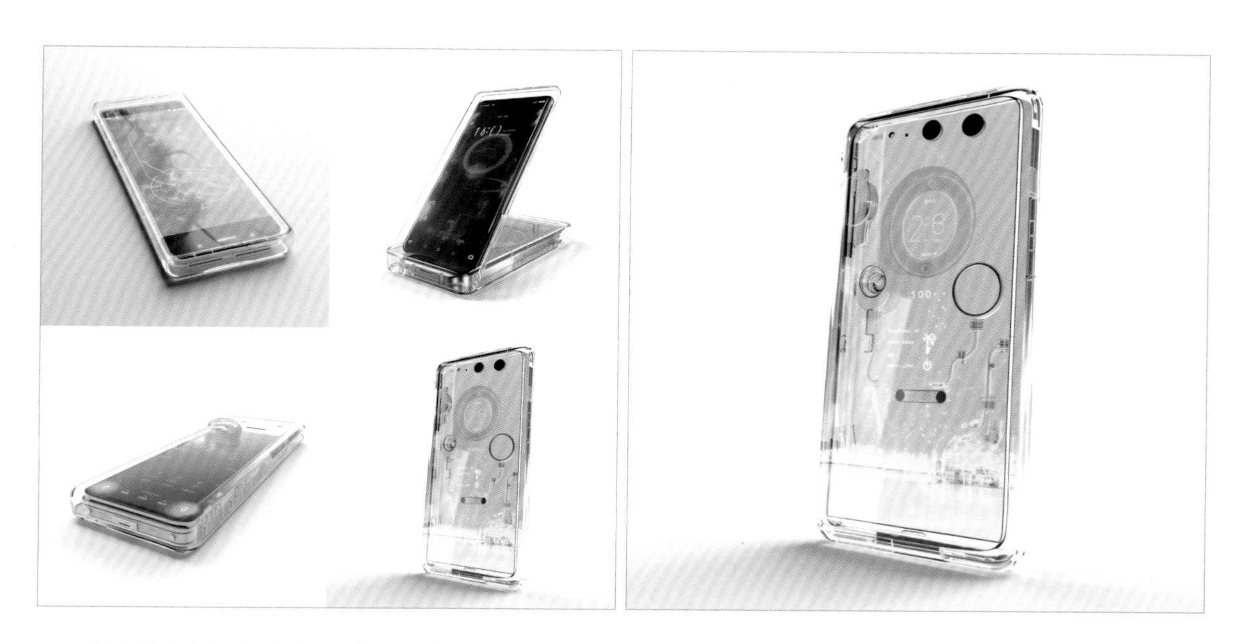

以上练习只是让大家试试手。学习完下一章，才能开启更高级的体验。下一章将带领大家正式入门。

第02章

Midjourney入门

2.1 提示词（prompt）介绍

随着 AI 技术的成熟和普及，催生了一个新的职业，叫作“提示词工程师”。在 AI 中，一张图像的好坏，一个问题能否得到解决，结果是否直观，都取决于提示词，由此可见提示词的重要性。有人甚至把提示词称为 AI 生成工具的“灵魂”。这就是市面上 Midjourney 相关的教程不多，但 Midjourney 提示词的相关资料非常多的原因。

使用已有的提示词是一件非常容易的事情，这样可以生成类似的内容，作品效果也很棒，但如果需要生成特定的内容该怎么办呢？如果只会复制别人的提示词，那么便无法进行自己的创作。“授人以鱼，不如授人以渔”，本书着重介绍写提示词的思路和方法，读者学完本书，掌握了提示词的使用规则之后，就可以随心所欲地创作自己的作品了。

上图所示为指令框中提示词的构成方式：绿色部分是图片提示词，红色部分是文字提示词，蓝色部分是参数提示词设置。1.5 节试手练习的效果为什么不尽如人意呢？就是因为只使用了文字提示词，提示词也过于简单，没有其他任何设置，尤其是参数设置。

1 图片提示词

图片提示词一般不能用来单独生成图，需要和文字提示词组合使用。

右图中的蛇是笔者多年之前绘制的一张项目角色设定图，笔者曾在网上发布过这张图，找到之后就可以获取一个图片网址，网址以 jpg、png 等图片格式结尾。复制网址到指令栏，后面添加想要的效果描述提示词，按 Enter 键确认，即可按照提供的参考图生成图像。笔者添加的文字提示词是“A red snake monster”，此后生成了 4 张红色的蛇怪图像，如下页图所示。可以看到背景氛围和蛇的姿势与参考图相比都有一定的相似性。

笔者做这个项目的时候如果有 Midjourney，可能就不需要画那么多张图了，直接用蛇的参考图片和气氛造型等提示词生成一张具有一定完成度的基础底图，之后再进行调整即可。

2 文字提示词

在 1.5.2 小节生成汉服女孩的提示词的基础上适当丰富一下文字内容，看一看效果。例如，对服装、人物样貌的描述可以再清晰一点。提示词为“一位漂亮的中国古代姑娘，穿着带有刺绣的华丽汉服，姿态优雅，汉服的材质是高档绸缎。细节非常多，非常写实，电影级灯光”。英文就是“A beautiful ancient Chinese girl in a gorgeous embroidered Hanfu, made of fine satin, is dynamic and elegant. Very detailed, very realistic, cinematic lighting”。丰富提示词后生成的效果如下图所示，可以看到细节增多了，真实度比之前提高了很多，但“颜值”下降了，因为要求比较具体，所以很多缺陷就暴露了出来。

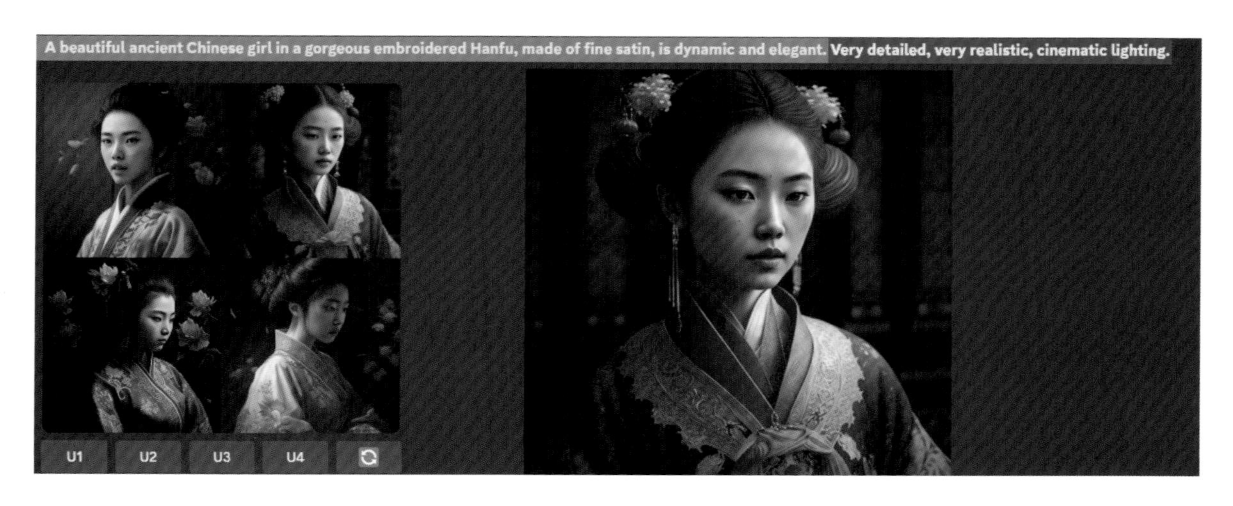

如上页图所示，文字提示词由两部分组成：绿色标注部分是对角色的外貌、动作或场景的结构、内容的描写；蓝色标注部分是对画面灯光、细节、风格、参考艺术家等内容的说明。这样的输入方式条理清晰，Midjourney 读取的时候能抓住重点。

3 参数设置

在 1.5.2 小节生成汉服女孩的提示词的基础上加入一点参数设置，看一看效果。下图所示为添加了参数设置后生成的效果。虽然文字提示词只有 6 个单词，但“颜值”和细节感明显提升了，质感逼真。

在 Midjourney V4 版本出现之前，很多人生成的作品都没有细节，后来有一位设计师在提示词中无意加入了“unreal engine”，结果作品的质量大幅度提升，因为“unreal engine”是制作游戏时使用的虚幻引擎，许多用虚幻引擎做出来的游戏都很写实，Midjourney 计算的时候就参考了大量使用虚幻引擎的画质特点。简单的两个单词就让画面的质感得到了大幅度提升。在了解了提示词的构成方式及用法之后，读者再去看那些优秀作品的提示词，就可以从中看出一些门道，知道具体是哪个关键词对画面产生了增效作用。读者可以有选择性地把一些好的提示词应用到自己的作品中，做到学以致用。

2.2 Midjourney 的各种参数设置

Midjourney 的用户操作界面没有醒目的工具栏、属性栏，所有的操作都是通过调用各种指令和参数进行的。刚接触 Midjourney 的用户难免会无从下手。下面将为大家逐个介绍 Midjourney 中主要参数的调用方法和作用。

2.2.1 版本（--version）

1 MJ version

Midjourney 在 2023 年 3 月已经更新到了 V5 版本，V5 版本除了画质有所提升外，最重要的是生成的人像和人手更逼真，手指终于可以生成 5 根，并且在理解用户的提示词方面，性能大为改善，准确性提高了，不会出现和提示词不相关、莫名其妙的画面。

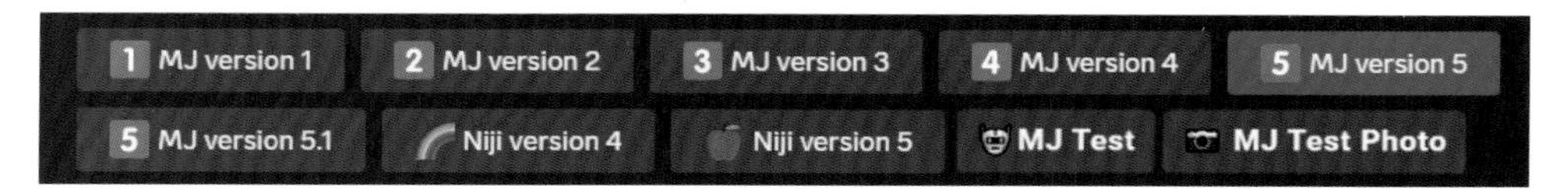

使用 V5 版本的时候需要调用对应的参数——“--version 5”或者“--v 5”，注意字母和数字之间一定要空一格，否则系统会报错，出现无法识别的结果。V1、V2、和 V3 版本现在用的人已经很少了。V4 版本之所以现在还有许多人使用，是因为 Midjourney 中有一部分功能只有 V4 版本支持，V5 版本还不支持，如调整尺寸功能。并且 V5 版本只提供给订阅用户使用，免费试用者只能用 V4 版本。值得一提的是，在笔者撰写本书时，官方开放了几天 V5.1 版本的免费试用权限。

下页图所示为使用相同的提示词生成的 4 个朋克女机器人。提示词是“一个很酷的朋克女机器人”。英文为“A cool punk female robot”。V4 和 V5 版本生成了质量完全不同的图像，可以看到 V4 版本生成的图像明显还有很多“手绘”拼贴的痕迹，而 V5 版本生成的图像效果已经非常自然，材质的质感也很真实。

V5.1 版本于 2023 年 5 月 4 日上线，它是在 V5 版本基础上的一次更新，根据官方的介绍，V5.1 版本的更新内容是：“更高的一致性，对文本提示词的识别更加准确，减少不需要的边框或文本文字，提高清晰度”。一些用户使用 V5.1 版本后获得的使用体验是：“颜色更加鲜艳，但有时画面会偏 2D 风格，没有 V5 版本稳定，可以更好地营造出影视感。”V5.1 版本中的 RAW Mode 模式在营造影视级画面氛围方面表现不错，但使用“--style raw”参数时如果没有特殊备注，容易出现 2D 的插画效果。

观察下页图，可以发现在提示词完全相同的情况下，V5.1 版本生成的图像颜色更鲜艳一点，手绘感更强，尤其是使用了 RAW Mode 模式以后。并且 V5.1 版本的朋克装备稍显夸张，没有 V5 版本的合理。本书的案例基本都用 V5 版本进行操作，因为它更稳定。

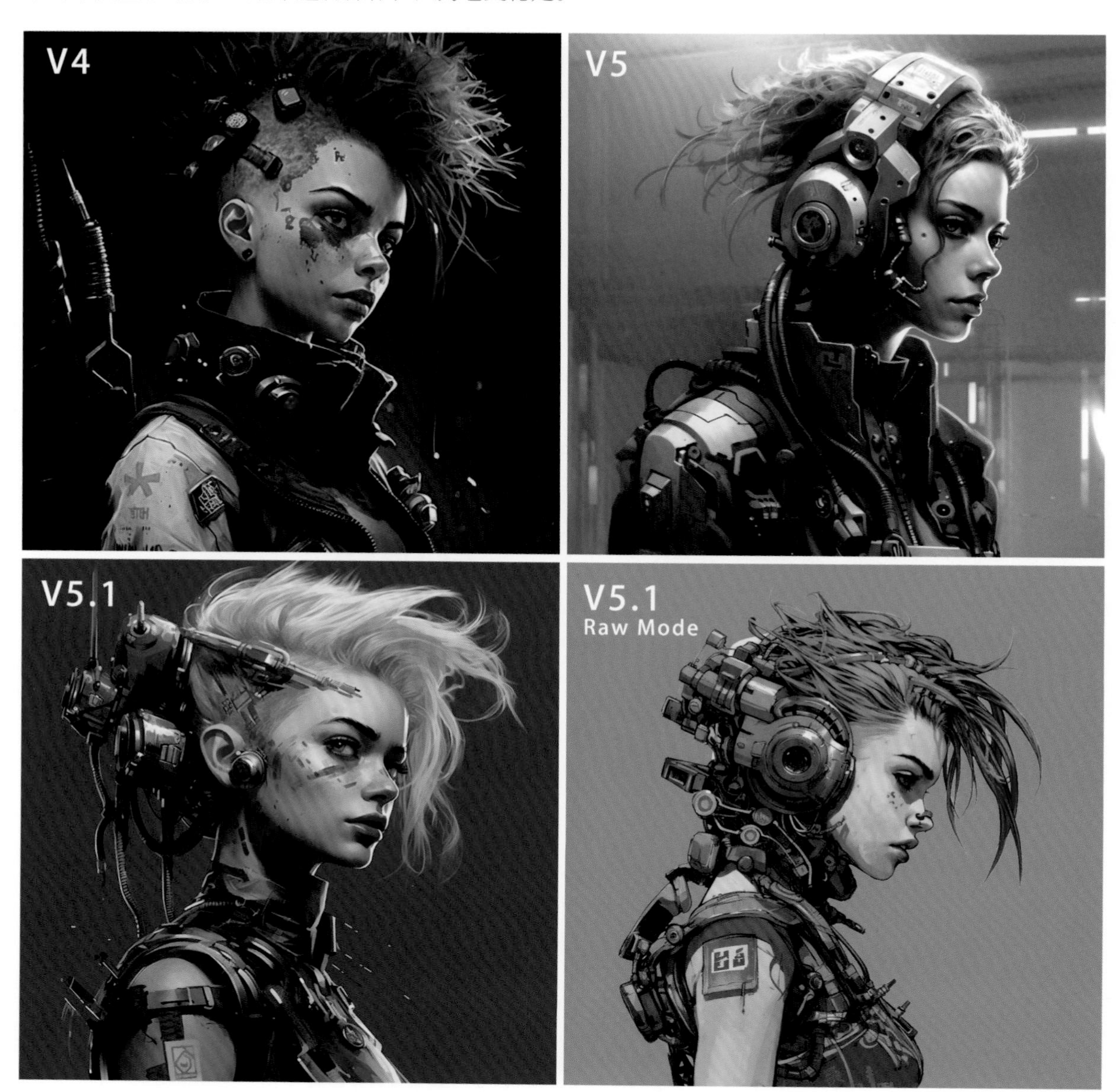

再试试其他题材，看看两者的区别。如下页图所示，上面的两张图是 V5 版本生成的，下面的两张图是 V5.1 版本生成的。笔者使用的提示词是“客厅里安静的休息区，一把扶手椅”。英文为“A quiet rest area in the living room, an armchair”。从图片质量上比较，倒没有看出明显的区别。笔者目前的使用体验是 V5 和 V5.1 版本的差异不大，毕竟 V5 版本已经可以达到照片级的真实度，也解决了人体结构不准确的问题，V5.1 版本应该不会如同 V4 到 V5 版本得到大幅度的效果提升。

❷ Niji version

Niji 模型目前有两个版本：V4 和 V5。

Niji V4 这个模型版本主要是用来生成动画和插图风格的图像。它擅长使用动态和动作镜头，以及以人物为中心进行构图。在提示词的结尾添加“--niji”即可调用。除了可以在提示词的结尾使用参数进行调用外，还可以用类似于添加 Midjourney Bot 机器人的方式，添加一个 niji · journey Bot，这样就可以直接在 Niji 模型的模式下进行工作，而无须再使用参数进行调用。

右图所示为使用了和前面相同的提示词“一个很酷的朋克女机器人”生成的图像。不需要在内容中注明需要哪种插画风格，直接可以生成数字感十足的插画。

Niji V5 是在 Niji V4 版本基础上的一个更新，和 Niji V4 版本一样，Niji V5 专注于生成动画和插画风格的图像。对于二次元及概念设计来说，这个版本有非常大的突破，Niji V5 在插画风格的把控方面更加稳定和成熟。它的调用方式是在提示词的结尾添加“--niji 5”。

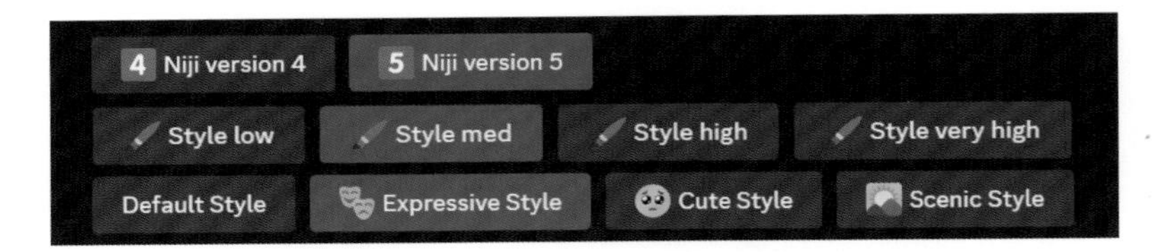

鉴于 Niji V5 在插画方面的优秀表现，下面详细介绍一下 Niji V5。Niji V5 有 4 种模式，如上图所示，分别是默认模式（Default Style）、表现力模式（Expressive Style）、可爱模式（Cute Style）、风景模式（Scenic Style）。表现力模式有更强的表现力，生成的角色一般有丰富的表情；可爱模式生成的图像偏可爱风；而风景模式更擅长处理各种场景。默认模式在使用 Niji V5 时已默认添加，调用其他几种模式时，可爱模式用“--style cute”，表现力模式用“--style expressive”，风景模式用“--style scenic”。

来看一看 Niji V5 中不同模式在画面中的具体表现。本例中笔者使用的提示词是“蒸汽朋克，一个长着红色头发的女孩坐在一个巨大的机器人的肩膀上，全身”。英文为“Steampunk, a girl with long red hair sits on the shoulder of a huge robot.Full body. --ar 2:3 --niji 5 --v 5”。这里“--niji 5 --v 5”的意思是在 Midjourney V5 版本中调用 Niji V5。下图所示为 Niji V5 在默认模式下生成的一些画面，有比较强的二次元感觉。

再试试表现力模式。英文提示词为“Steampunk, a girl with long red hair sits on the shoulder of a huge robot.Full body. --ar 2:3 --niji 5 --style expressive --v 5”。可以看出和默认模式的提示词相比，这里多了一个“--style expressive”参数。下页图所示为 Niji V5 在表现力模式下生成的一些画面，和默认风格相比，区别还是非常大的，在画面风格、角色动作方面都有比较强的表现力。

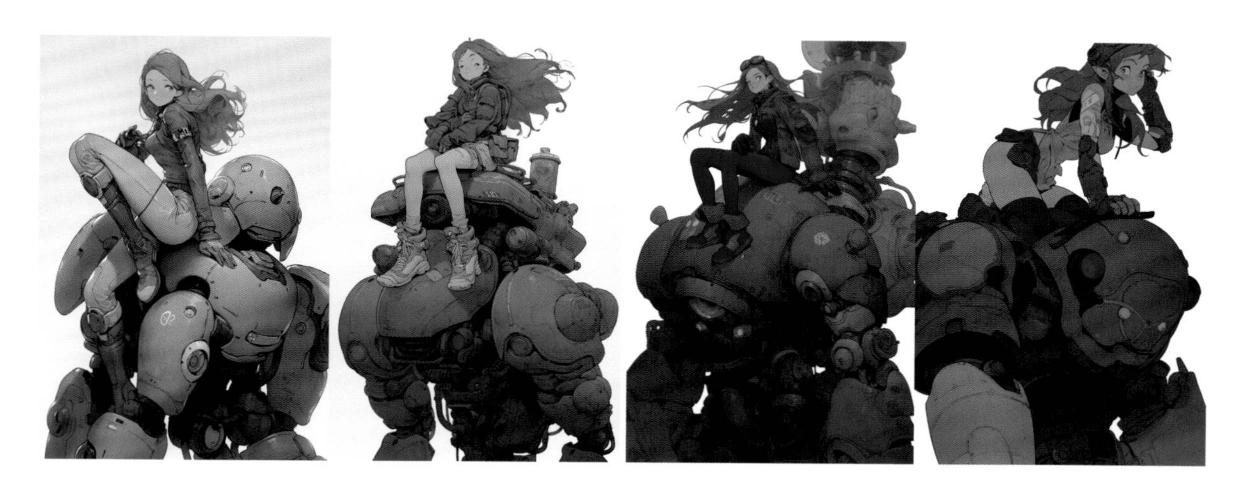

下图所示为 Niji V5 在可爱模式下生成的一些画面。其他的提示词都相同，唯一的区别是把“--style expressive”换成“--style cute”。可爱模式下生成的图像风格更加扁平化，造型更加可爱。

下图所示为 Niji V5 在风景模式下生成的一些画面。可以看出光感和细节与其他模式相比更加丰富。在没有标注背景内容的情况下，风景模式会自动添加背景，以丰富画面，让画面更加完整。

下面是 Niji V5 版本在 3 种不同模式下生成的 3 张大图，依次为表现力模式、可爱模式和风景模式。通过大图，大家可以更直观地看到它们之间的区别。

❸ MJ Test 和 MJ Test Photo

MJ Test 和 MJ Test Photo 是两个测试模型，用于测试一些特别的效果，以获得社区用户的反馈。如果有些效果反馈不错，可能会将其更新到下一个版本中。调用参数是“--test”和“--testp”，它们可以与“--creative”参数组合使用，以获得一些意想不到的效果。目前测试模型一次只能出两个方案。

左图（左）是 MJ Test 生成的，左图（右）是 MJ Test Photo 结合“--creative”参数生成的。从图像内容可以看出，测试模型的“脑洞”确实比 V5 版本大，它们拥有更多的不确定性。

在日常工作中，主要是使用Midjourney的V4和V5版本。Midjourney默认风格偏写实，当需要生成动画、漫画、插画等有很强表现力的图像时，可以调用 Niji V5 来生成，这样得到的结果造型会更夸张，色彩会更丰富。MJ Test 和 MJ Test Photo 生成的图像拥有太多的不确定性，偶尔尝试还可以，不宜经常使用。

2.2.2 比例（--aspect）

比例是指画面的宽高比。在 Midjourney 中，默认的画面宽高比为 1 ∶ 1。如何才能获得竖版画幅或者电影般的横版画幅呢？这就需要调用比例参数。调用参数是“--aspect”或“--ar”。V4 版本支持的最大比例为 1 ∶ 2 或 2 ∶ 1，V5 版本任何比例都支持。设置比例时必须用整数。例如，宽荧幕电影的画面比例是 2.35 ∶ 1，设置时不能直接写为 2.35 ∶ 1，而要写为 3 ∶ 1 或 2 ∶ 1。

使用什么比例可以根据个人的喜好决定。但一般情况下，人像多用竖版画幅，自然风景多用横版画幅。主要是看生成物体的造型是偏高还是偏宽。

笔者打算生成一张未来感博物馆的图像，博物馆和高楼不一样，它是偏宽的，所以笔者采用了横版画幅，让画面有一点电影感。画面比例为 3 ∶ 1。英文提示词为“A very futuristic science museum.Setting sun. Style by Zaha Hadid. --ar 3:1 --v 5”。其中的 Zaha Hadid（扎哈·哈迪德）是一位著名的建筑大师，她的建筑风格简约而有未来感，所以笔者让 AI 模仿了她的风格。关于风格，2.4 节会详细介绍。

再来生成一个外星人看看。英文提示词为“A cool alien, Full body.--ar 5:7 --v 5”。如果采用横版画幅，要么外星人会非常小，要么就只能生成半身像。

2.2.3 尺寸（--upscaler）

V5 版本支持的最大尺寸是 1024 像素 ×1024 像素，而 V4 版本支持的最大尺寸是 2048 像素 ×2048 像素，这里的尺寸数值并不表示只能生成正方形的图，而是代表高或宽可以达到的尺寸上限。通过对比，可知 V5 版本并不是各方面都比 V4 版本强，下次升级时或许会增加 V5 版本的尺寸范围。如果想生成大尺寸图像，就要使用 V4 版本，可以用“--v4”参数进行调用。

在 V4 版本中，图片放大有以下 3 种模式。

Light Upscale 模式：尺寸为 1536 像素 ×1536 像素，可以添加适量的细节和纹理，对于人物面部和光滑的表面非常有用——保证看起来不会太坑坑洼洼。

Beta Upscale 模式：尺寸为 2048 像素 ×2048 像素，不添加细节和纹理，只是把图片放大，过渡的效果比较光滑，同样适用于人物面部和光滑的表面。

Detailed Upscale 模式：尺寸为 1536 像素 ×1536 像素，可以为图像添加许多细节和纹理。

依然以 2.2.2 小节未来感博物馆为例进行说明。输入提示词后记得在结尾添加“--v 4”，然后从生成的四格图中挑选一张，单击 U 按钮，将图片放大。下图是笔者挑选并放大后的一张，在图像下方可以看到有 5 个按钮：Make Variations、Light Upscale Redo、Beta Upscale Redo、Web、Favorite。除放大按钮外，Make Variations 按钮的功能是使当前图像产生一些微小变化，Web 和 Favorite 按钮的功能分别是使用网页打开和收藏。单击 Web 按钮，打开的图片尺寸为 1024 像素 ×1024 像素。

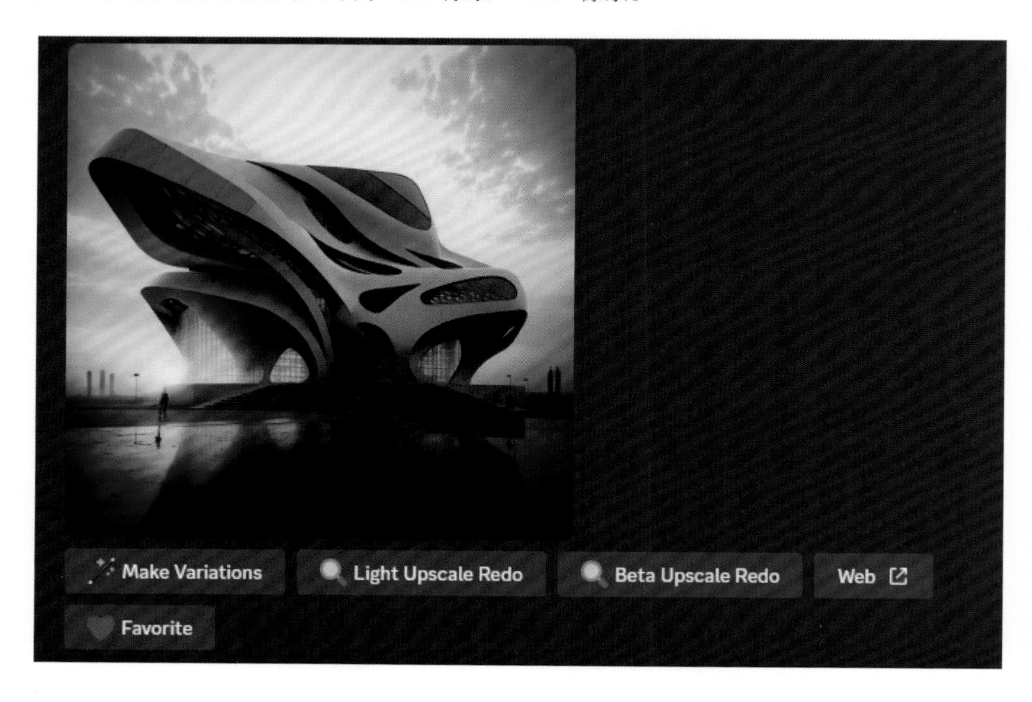

单击 Light Upscale Redo 按钮，除了图片会被放大外，图像下方还会显示下图所示的按钮，其中有一个 Remaster 按钮，它的功能和 Make Variations 按钮类似，可以重新生成两张图像，但它生成的图像和原始图像相比，变化会更大一些。单击 Light Upscale Redo 按钮后，可以在生成的图像下方继续选择另外两种放大模式。

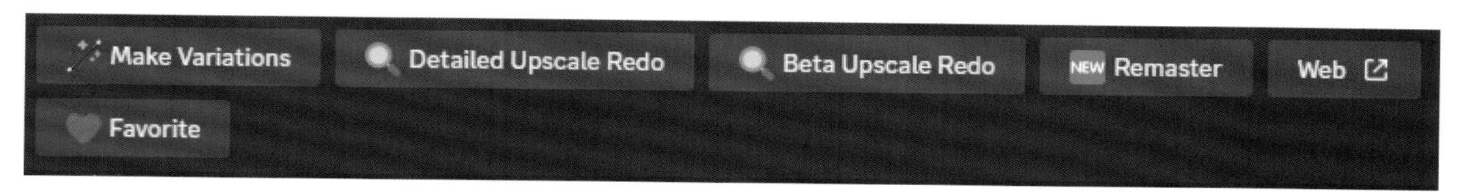

单击原始图像下方的 Beta Upscale Redo 按钮，图片尺寸会放大到 2048 像素 ×2048 像素，同时图像下方会显示下图所示的按钮，这时也可以选择另外两种放大模式。

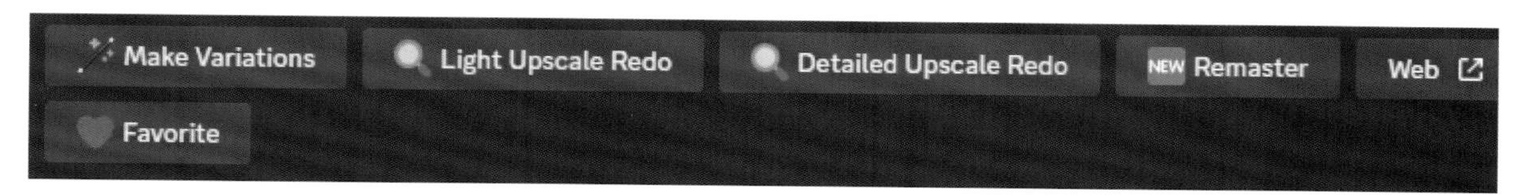

下图所示为 3 种放大模式下的效果呈现。通过对比，不难发现 Detail Upscale 模式下的画面细节确实变多了，包括建筑外表面的微小起伏、建筑的玻璃防护栏、光感的细腻度、天空中云的细节等。Light Upscale 和 Beta Upscale 的画面效果类似，只是 Beta Upscale 生成的图片尺寸更大，表面更加光滑。对于非专业的创作，3 种模式都可以使用。

3 种放大模式中一般用得最多的是 Beta Upscale，V4 版本以下的 Detailed Upscale 模式虽然可以用来添加细节，但画面看上去会比较粗糙。如果生成的内容不是光滑的物体，想获取更多细节，还是得使用 V5 版本。

2.2.4 质量（--quality）

质量，顾名思义，就是所生成图像的画面细节和品质。

Midjourney 中默认的质量参数是 1，参数范围是 0.25 ~ 5（0.25 的偶倍数）。参数越小，生成图像的时间越短，质量越低，想获得更多的质量细节，就要耗费更多的生成时间。质量参数的高低和尺寸没有关系，大小尺寸都是相同的参数设置。调用方式是在提示词的结尾使用“--quality”或者“--q”。在 Midjourney 中使用小数时不写小数点前面的 0。例如，0.25 直接写为“--q .25”。这里需要注意，字母后面一定要空一格再写数字，否则参数无法被系统识别。

就算是标准订阅或者专业订阅用户，也有使用时长限制，用户不可能毫无节制地使用。所以如果有大量的使用需求，就需要合理设置质量参数。例如，用低质量参数快速生成图像，以检查自己的提示词内容是否合理。图像接近自己想要的内容后，再调用高质量参数去生成。

如下图所示，笔者分别用参数 0.25、1、5 生成了 3 组小橘猫。参数为 0.25 时图片生成得非常快，质量也是最差的；参数为 1 和 5 时，猫本身的细节差别不是很明显，但后者的画面整体细节度更高一些，包括光感、环境造型等。可以看到它们的风格都是非常相似的，只是在图像质量上有些差别。

2.2.5 风格化（--stylize）

这里的风格化指的并不是艺术家或设计师的作品风格，而是写实程度。风格化默认的参数值是 100，V4 和 V5 版本的参数范围是 0 ~ 1000。

笔者以一个彩色小猫为例进行说明。如下图所示，3 组图片的风格化参数依次是 0、500、1000，它们的质量参数都是 1，生成的图像差别非常大。可以很明显地看出，参数越小，越有卡通感，参数越大，画面越写实。笔者使用的提示词是“A cute little colorful cat. --s……”，这里没有写明想要哪种风格，如照片、水墨、卡通等，所以系统主要按风格化参数的高低来判断。

在写提示词的时候，最好注明想要哪种风格，这样 Midjourney 在计算的时候就不用去猜想。下图的提示词是“A cute colorful cat, real photo. --s……”，特意注明是真实照片，这样生成的效果偏差就不会太大。当把风格化参数设置为 1000 时，图片的美感已降低了很多。这次设置的参数依次是 0、100、500，可以看出画面越来越写实。参数为 500 的时候，小猫有许多的生活痕迹，如杂乱的毛发、身上的污渍等，效果更加真实，美感相应降低。

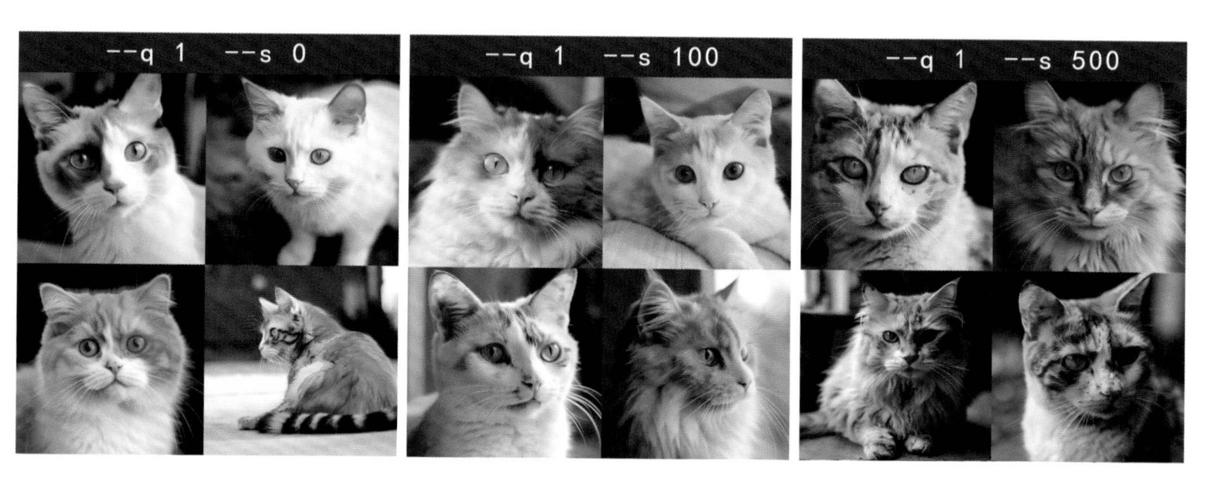

2.2.6 噪点（--seed）

噪点也被称为种子。随着噪点的增加，图像逐渐成形。

在 Midjourney 中，生成的每一张图片都拥有一个噪点编号。为了使前后创建的图像相似或者有所关联，需要调用相同的噪点编号去匹配。可以使用“--seed”或者“--same seed”参数来调用。为了使图像尽量相似，除了噪点编号应相同外，提示词也必须类似。

获取噪点的方式

第 1 步：随意生成一组图片，如下图所示，笔者生成了一组黑色的时尚硬壳背包，所用的提示词会在第 3 章细讲。

第 2 步：进入生成图像界面，在界面顶部可以看到 4 个操作按钮，单击第一个表情按钮，然后单击信封图标或者在搜索栏中输入“envelope”进行调用。

第 3 步：等待数秒，界面最左侧会弹出一个红色数字信件提示消息，单击即可获得两行字符串，如右图（右）所示，第一行 Job ID 是这幅图像的 ID，类似于身份证号码，每幅图像都有一个 ID，这个 ID 可以用来查看和共享图片。第二行 Seed 即噪点编号。

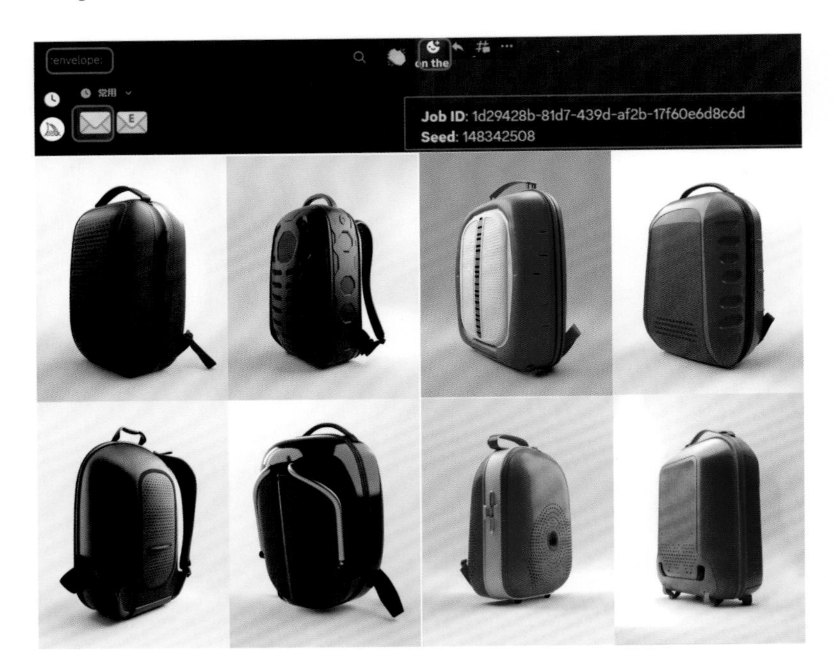

第 4 步：使用噪点编号。在指令框中输入生成黑色背包的提示词。文字提示词只能适当修改，改动越大，区别就越大。笔者只把颜色改为了红色，其他内容都没有更改，并在结尾的参数位置加上获取到的噪点编号“--seed 148342508”。如上图所示，生成的红色背包虽然造型和黑色背包不完全相同，但也比较相近。

噪点参数是比较有用的，因为 Midjourney 每一次生成的图像都是不同的，当出现自己想要的效果时，如果只想修改其中的某些元素，可以用噪点参数调用意向图去修改。

2.2.7 无缝图案（--tile）

无缝图案对于设计行业之外的人来说可能会比较陌生，它是指当图案无限重复时，图案四周都会组合在一起，形成一个整体，并且没有任何缝隙。

无缝图案常用于服饰、墙布、瓷砖、窗帘、贴纸等。此外，在 3D 制作中，无缝图案也是纹理贴图的必要素材。调用方式是在参数位置输入“--tile”，目前 V4 版本不支持这个参数，V1、V2、V3、V5 版本都支持。无缝图案必须使用正方形比例（即默认比例）才能获得最佳效果。

笔者想用一个重复的小猫咪的花纹做贴纸图案。在指令框中输入提示词“cute cat --tile --v 5”，按 Enter 键确认，一堆可爱的小猫咪立刻涌现在眼前。

2.2.8 其他参数

除了以上参数，Midjourney 中还有很多其他参数，如“--chaos”“--no”“--video”“--stop”等。介绍如下。

--chaos：可以生成正常或奇特的图像。参数范围是 0 ~ 100，默认值是 0，参数越大，生成图像的效果就越不寻常。

--no：去除不想要的元素。当生成的画面中有自己不想要的元素时，就可以使用“--no”参数去除。例如，想去除红色，在提示词的参数位置添加“--no red”即可。

--video：在需要展示生成过程的时候可以使用这个参数，它可以把图像生成的过程录制为视频。

--stop：这个参数可以让生成图像的过程进行到一半时停止，这样获得的就是完成了一半的图像，效果会比较模糊。

这些参数偶尔才会用到，这里就不一一进行具体讲解了。

2.3 Midjourney 的各种指令工具

在指令框中输入“/”，可以调出不同的指令，右图中这些带“/”的就是指令。指令分为 Midjourney Bot 指令和内置指令两种，内置指令一般不使用。在 Midjourney Bot 指令中，最常用的指令是“/imagine”“/info”“/settings”“/stealth”“/subscribe”“/blend ”“/show ”“/describe”等。下面重点介绍一下“/blend ”和“/describe”这两个指令。

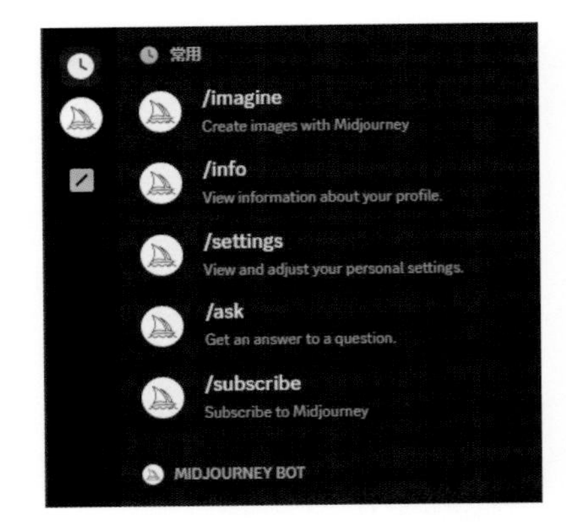

1 /blend

“/blend ”指令可以将用户上传的 2 ~ 5 张参考图片“融合”成一个新的图像。指令的参数设置中只有一个尺寸选择，生成时多张图片自动混合，不需要输入其他的提示词。如下图所示，笔者上传了两张图片：异齿龙和山林场景。

右图所示为调用“/blend ”指令生成的 4 张新图。该指令把异齿龙放在了参考环境中，并且统一了两者的光源。读者可以尝试把生成的角色和场景混合在一起，也可以尝试混合两种不同的动物，也许会有意外的收获。

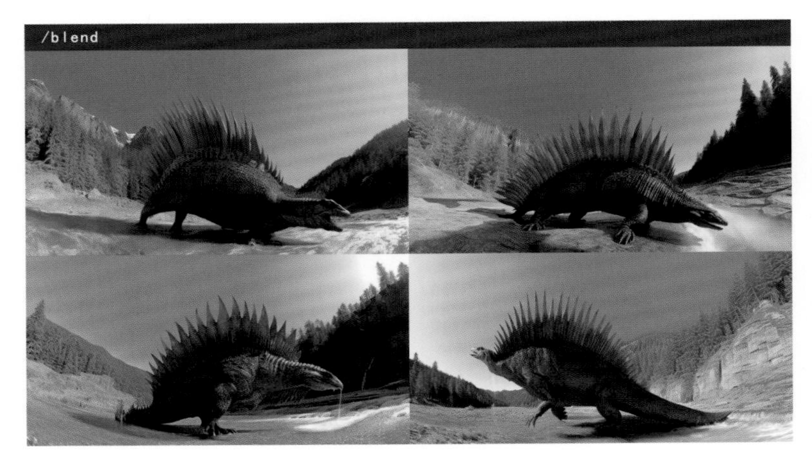

2 /describe

调用“/describe”指令并上传一张图片后将会获得 4 个针对上传图片的文本提示。也就是说，该指令可以概括出生成这张图片所需要的关键提示词，对于概括能力欠缺的人来说，这是一个非常有用的指令。在看到一张非常优秀的生成作品时，如果不知道生成该作品使用了哪些提示词，“/describe”指令就可以派上用场。该指令是 Midjourney 新添加的指令，有些生成的提示词概括得不是很准确，功能依然在测试完善中。

如下图所示，笔者在指令框中使用“/describe”指令上传了一张笔者团队很多年前绘制的角色表情图，得到了 4 条对图片的描述，右侧是对应的翻译。

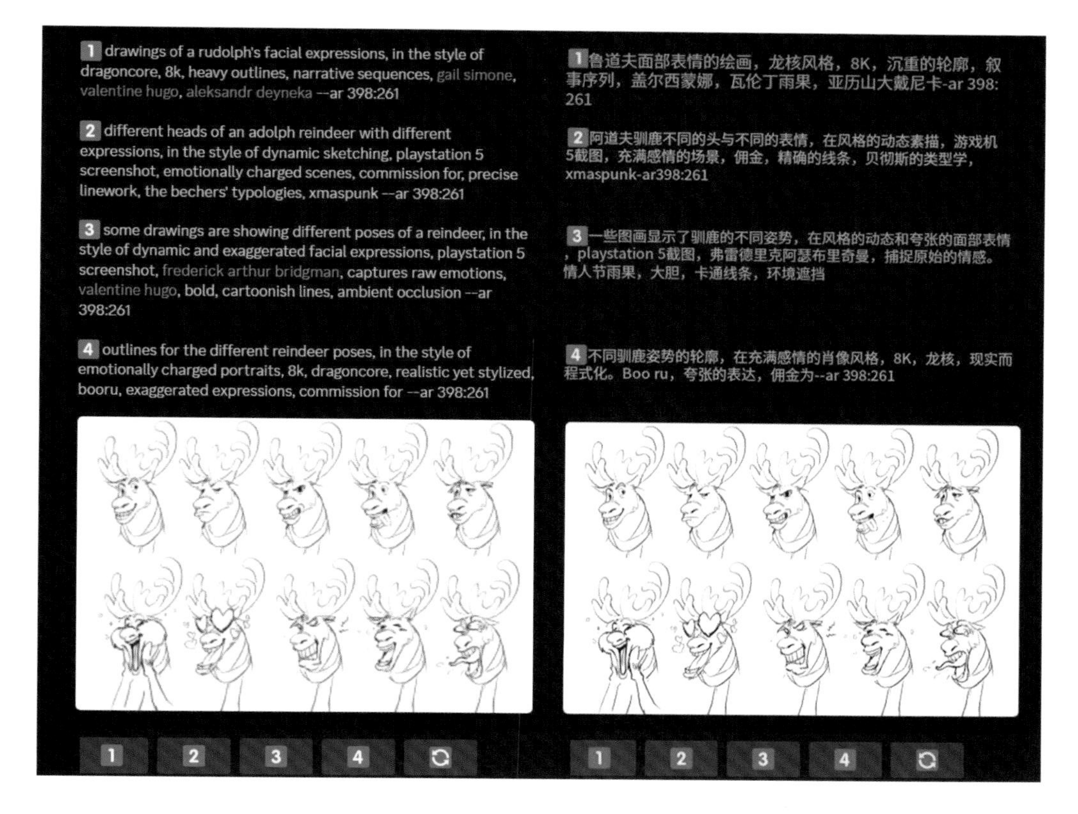

可以看到“/describe”指令对提示词的概括还是非常全面的。它不仅总结出了画面的内容，还给出了相应的风格，以及与风格相对应的画家名称。如上图所示，图片下方有 4 个数字按钮，单击即可根据数字对应的提示词生成一组新的图像，省去了输入提示词的步骤。单击右侧的刷新按钮，可以重新生成 4 条不同的提示词。

单击图像下方的数字按钮“4”，生成了下页图所示的图像。虽然没有笔者团队绘制的表情丰富，但画面完成度提高了许多，多刷新几次应该会得到更好的效果。

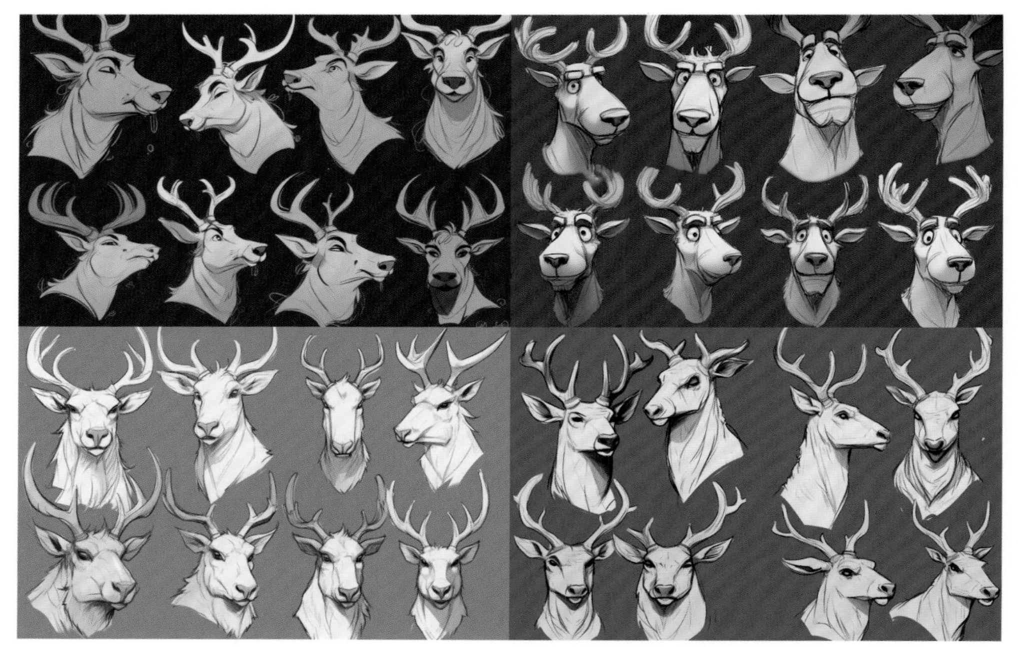

使用“/describe”指令提炼出提示词，不是为了生成和原作品一样的图像，而是为了在获得核心提示词之后，生成属于自己的图像。例如，笔者想生成一组可爱小女孩的表情，只需要利用前面获得的第 1 条提示词“drawings of a rudolph's facial expressions, in the style of dragoncore, 8k, heavy outlines, narrative sequences, gail simone, valentine hugo, aleksandr deyneka --ar 398:261 --v 5”，把其中的“rudolph's”（rudolph 是一只鹿的名字）替换为“cute little girl's”即可。

上页图所示为把鹿替换为可爱的小女孩后，按 Enter 键生成的一组小女孩表情。对于动画制作来说，这是非常实用的一种表情绘制方式。男主、女主、配角的表情都可以结合角色对应的外观描述先用这种方式生成，再把表情替换到项目的具体角色上。

下图所示为一张生成的小女孩表情图。在统一造型的同时，还展示了比较多的表情，整体质量是很不错的。

生成表情包的方法与生成动画表情类似，只需要把参考图片上传，调用“/describe”指令，之后替换生成对象，即可拥有一套属于自己的表情包。

“/describe”指令可以比较好地提取提示词，但其最佳的使用方式是以下两种：一是替换生成对象；二是提取完参考图片的提示词后，选择其中最合适的提示词并对其进行适当的润色、修改，之后结合使用“/imagine”指令和参考图片的网址单独生成图像，而不是直接单击图像下方对应的数字按钮，这样生成的图像会更符合要求。

其他指令

“/imagine”指令：生成图片最主要的指令。

“/info”指令：可以调出用户订阅所剩余的次数和续订日期，还可以查看当前排队或正在运行的作业状态等信息。

“/settings”指令：设置功能。可以设置所用的版本、质量的高低、风格化程度、应用的模式（如开放模式、保密模式、混合模式、快速模式、放松模式等），如下页图所示。设置完成后就不需要每次在提示词之后再添加版本等参数，它们会变成默认选择。

“/stealth”指令：保密模式。这和调用“/settings”指令后单击 Stealth mode 按钮有同样的作用。选用这种模式后，生成的图像将不会显示在公共频道。但只有专业订阅用户才能使用。

“/subscribe”指令：打开订阅界面。

“/show”指令：用户可以使用“/show”指令将自己的作品发布到服务器或通道中，或刷新旧图像进行更改。“/show”指令需要配合 Job ID 使用（2.2.6 小节介绍过 Job ID 的获取方式）。

“/fast”指令：一种在提交任务后立刻开始生成图像的模式。

“/relax”指令：针对标准版和专业版订阅用户的一种模式。每个订阅用户都有 GPU 的使用总时长限制，而放松模式不会占用用户的 GPU 使用时间，可以创建无限数量的图片。系统将根据用户使用系统的时长将任务放入队列中。放松模式是一种比较慢的生成方式，任务提交后，要等到有了空闲的 GPU 才开始进行生成，官方的说法是通常需要等待 0 ~ 10 分钟。

2.4 风格

风格是指作品整体呈现出的独特面貌。风格按照不同的标准可以划分为许多种。具体如下。

按真实程度划分：可以分为写实、抽象、卡通等。

按艺术派系划分：可以分为印象派、抽象派、野兽派、写实派、古典主义、现实主义、表现主义、超现实主义、立体主义、极简主义、波普主义、超写实主义等。艺术派系的风格区别很大，它们的影响体现在绘画、建筑、摄影、工业设计等视觉领域的方方面面。

按国画技法划分：可以分为白描、写意、泼墨、工笔、没骨等。

AI 是通过大数据计算来获得结果的，这些风格及画派在网络上有着庞大的数据基础，当用户想要某种效果但又不方便用语言描述的时候，可以在 Midjourney 的提示词中注明风格类型，这样就会生成具有相应风格的效果。比如在动画风格中，有墨比斯风格、押井守风格、宫崎骏（吉卜力）风格、皮克斯风格等。

右图所示分别是墨比斯漫画作品《埃德娜》、押井守动画作品《攻壳机动队》、宫崎骏动画电影《龙猫》、皮克斯 3D 动画电影《青春变形记》的截图。可以看出它们的风格差别还是非常大的。想生成以上风格的图片，只需要在文字提示词中添加“× style”即可。例如，需要皮克斯风格，可以写为“Pixar style”或“In style of Pixar”。

下图所示为笔者分别用以上 4 种不同的风格生成的 4 张相同主题的图像。提示词是“一位女孩和小猫玩”。其中宫崎骏风格的英文提示词是“A girl playing with a cat,Miyazaki Hayao style. --ar 3:2”。这样的风格引用操作能减少许多与画面风格相关的描述。

大家不需要记住每一位艺术家的名字及风格类型，只需要记住各个行业中有代表性的艺术家或者公司即可。例如，全球范围内的 3D 动画公司数不胜数，风格各异，但只要记住皮克斯即可，因为它是欧美主流动画的一个代表。

再举一个建筑行业的例子。一般的住宅类建筑的基本造型风格都是相似的，但许多公共性建筑或者特定的商业建筑则非常有特点，它们能体现出设计师或建筑事务所鲜明的风格。下图（按从左到右、从上到下的顺序）所示分别是 4 位建筑师弗兰克·劳埃德·赖特（Frank Lloyd Wright）、弗兰克·格里 (Frank Gehry）、雷姆·库哈斯（Rem Koolhaas）、扎哈·哈迪德（Zaha Hadid）的作品。他们的作品风格迥异，当提示词中出现他们的名字时，生成的图像就有了他们的“气质”。

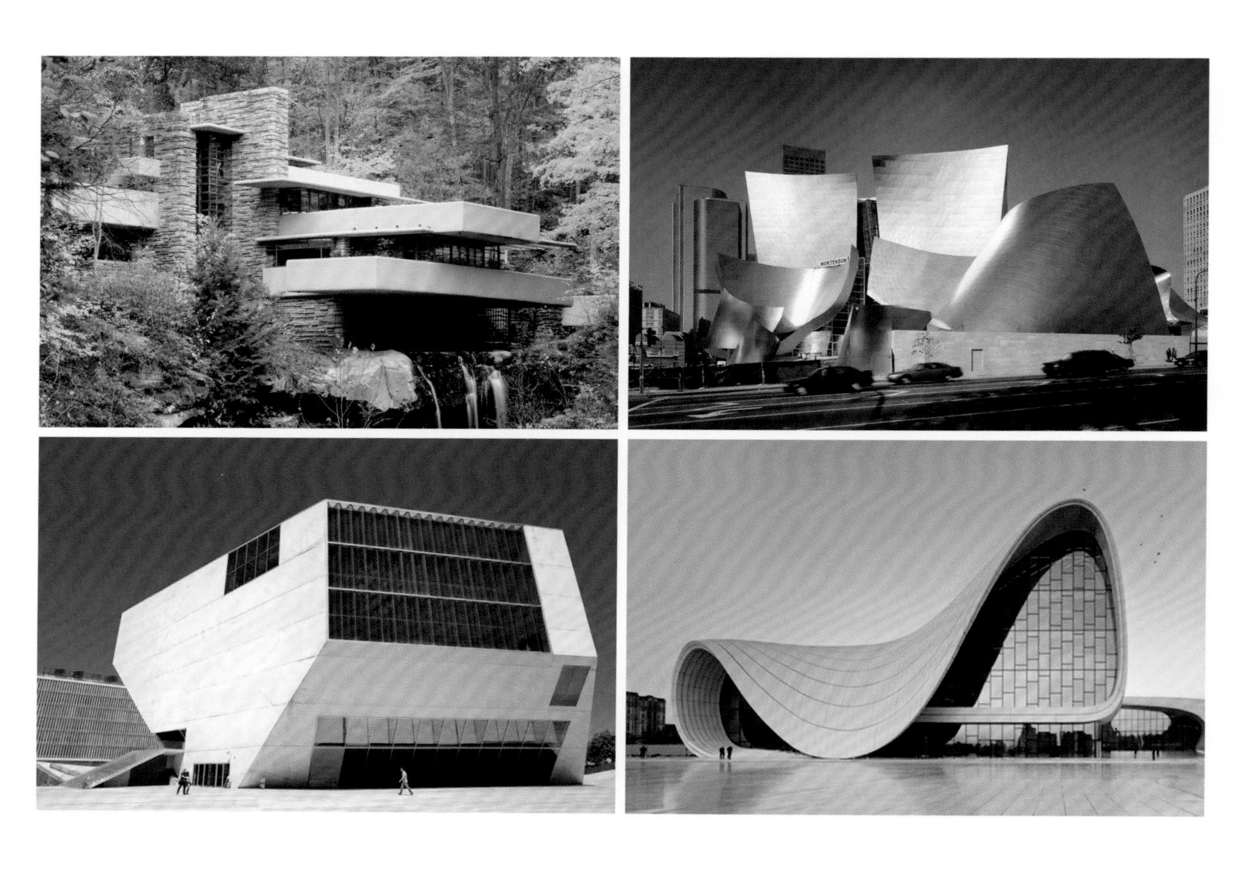

如下图所示，生成建筑的提示词是 A museum by the lake（湖边的博物馆），风格分别为上面 4 位建筑师的名字，出来的效果和他们的作品风格非常接近。这种水平甚至已经可以超越建筑行业中的很多专业设计师，这就是 AI 的厉害之处——“站在大师的肩上”去生成作品。

有一点需要注意，在添加风格关键词的时候，要区分每个领域的艺术风格，如果将建筑行业的大师风格用在角色造型上，就不知道会生成什么样的图像了。风格、艺术家需要和生成内容相匹配。也就是说，动画要对应动画师，建筑要对应建筑师，概念设计要对应概念设计师……

下面两页是笔者整理的部分作品特色鲜明的艺术家、公司，以及有代表性的艺术风格。其中那些艺术家和公司的作品在相应领域都有非常高的地位和很强的辨识度。这里有各个领域的设计师，也有传统艺术领域的画家。名录中无法囊括所有艺术家、公司和风格，笔者挑选了个人认为比较有代表性的一部分。

艺术家、公司与艺术风格

上海美术电影制片厂风格
（Shanghai Animation Film Studio style）
大友克洋
（Otomo Katsuhiro）
押井守
（Oshii Mamoru）
宫崎骏
（Miyazaki Hayao）
皮克斯
（Pixar）
阿德曼动画
（Aardman Animation）
动画设计
概念设计
弗兰克·弗拉泽塔
（Frank Frazetta，魔幻设计鼻祖）
叙德·米德
（Syd Mead，科幻设计大师）
克雷格·马林斯
（Craig Mullins，概念设计大师）
马切伊·库恰拉
（Maciej Kuciara，概念设计师，擅长角色）
瑞安·丘奇
（Ryan Church，概念设计师，擅长电影场景
保罗·查迪森
（Paul Chadeisson，概念设计师，擅长城市
本·普罗克特
（Ben Procter，概念设计师，擅长机甲）
弗兰克·劳埃德·赖特
（Frank Lloyd Wright）
弗兰克·格里
（Frank Gehry）
雷姆·库哈斯
（Rem Koolhaas）
扎哈·哈迪德
（Zaha Hadid）
贝聿铭
（Ieoh Ming Pei）
KPF 建筑事务所
（Kohn Pedersen Fox Associates）
SOM 建筑设计事务所
（Skidmore，Owings and Merrill）
比亚克·英厄尔斯
（Bjarke Ingels）
建筑设计
工业设计
雷蒙·勒维
（Raymond Loewy）
迪特尔·拉姆斯
（Dieter Rams）
卡里姆·拉希德
（Karim Rashid）
菲利普·斯塔克
（Philippe Starck）
荣久庵宪司
（Kenji Ekuan）
哈特穆特·埃斯林格尔
（Hartmut Esslinger）
深泽直人
（Naoto Fukasawa）
乔纳森·伊夫
（Jony Ive）
亨利·卡蒂埃－布雷松
（Henri Cartier-Bresson）
史蒂夫·麦柯里
（Steve McCurry）
维维安·梅尔
（Vivian Maier）
马丁·帕尔
（Martin Parr）
埃拉德·拉斯里
（Elad Lassry）
维维亚娜·扎森
（Viviane Sassen）
斯蒂芬·肖尔
（Stephen Shore）
摄影
服装设计
瓦伦蒂诺·加拉瓦尼
（Valentino Garavani）
亚历山大·麦奎因
（Alexander McQueen）
乔治·阿尔马尼
（Giorgio Armani）
马克·雅各布斯
（Marc Jacobs）
汤姆·福特
（Tom Ford）
拉夫·西蒙斯
（Raf Simons）

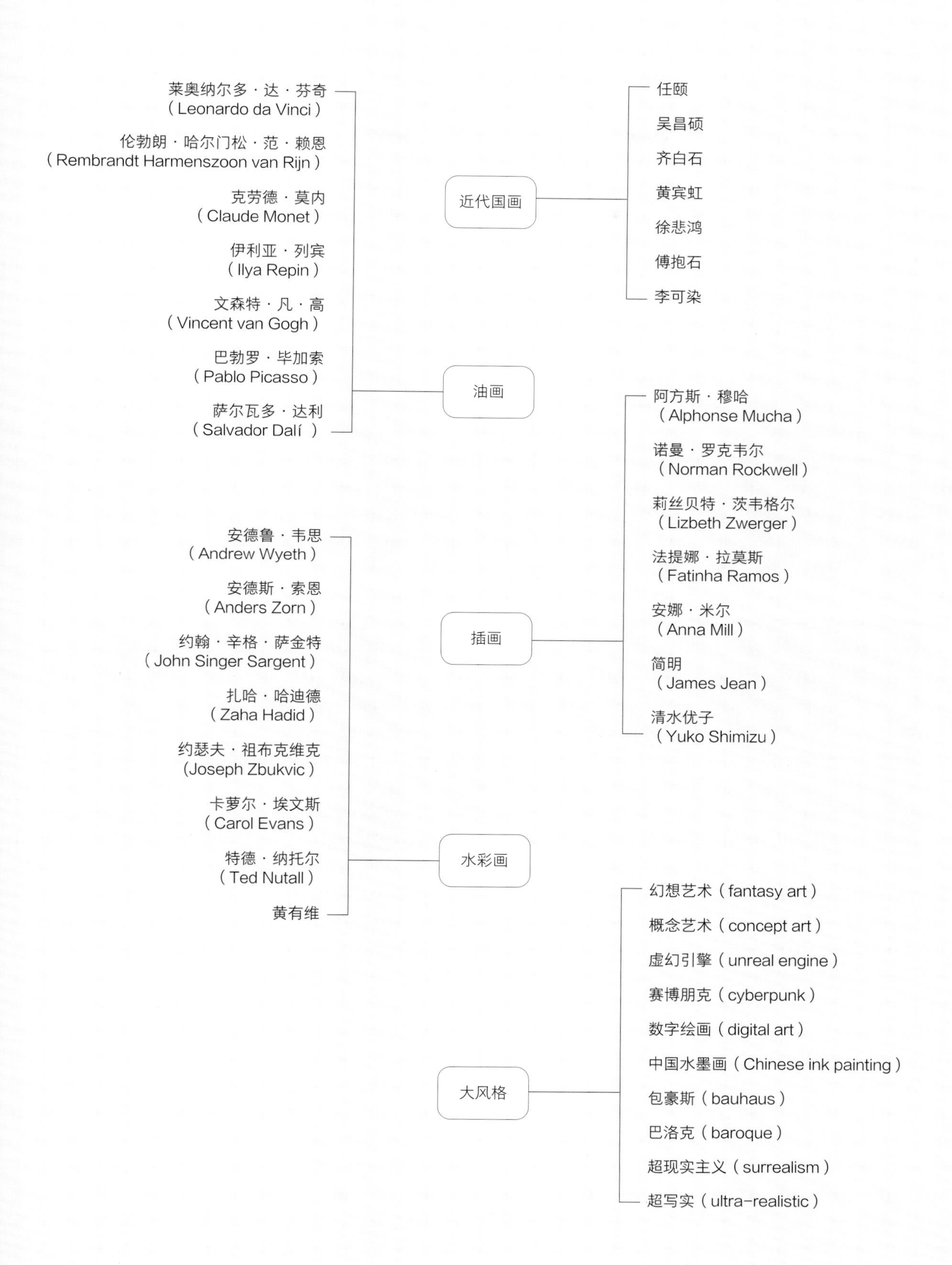
莱奥纳尔多·达·芬奇
（Leonardo da Vinci）
伦勃朗·哈尔门松·范·赖恩
（Rembrandt Harmenszoon van Rijn）
克劳德·莫内
（Claude Monet）
伊利亚·列宾
（Ilya Repin）
文森特·凡·高
（Vincent van Gogh）
巴勃罗·毕加索
（Pablo Picasso）
萨尔瓦多·达利
（Salvador Dalí）
油画
近代国画
任颐
吴昌硕
齐白石
黄宾虹
徐悲鸿
傅抱石
李可染
安德鲁·韦思
（Andrew Wyeth）
安德斯·索恩
（Anders Zorn）
约翰·辛格·萨金特
（John Singer Sargent）
扎哈·哈迪德
（Zaha Hadid）
约瑟夫·祖布克维克
(Joseph Zbukvic）
卡萝尔·埃文斯
（Carol Evans）
特德·纳托尔
（Ted Nutall）
黄有维
水彩画
插画
阿方斯·穆哈
（Alphonse Mucha）
诺曼·罗克韦尔
（Norman Rockwell）
莉丝贝特·茨韦格尔
（Lizbeth Zwerger）
法提娜·拉莫斯
（Fatinha Ramos）
安娜·米尔
（Anna Mill）
简明
（James Jean）
清水优子
（Yuko Shimizu）
大风格
幻想艺术（fantasy art）
概念艺术（concept art）
虚幻引擎（unreal engine）
赛博朋克（cyberpunk）
数字绘画（digital art）
中国水墨画（Chinese ink painting）
包豪斯（bauhaus）
巴洛克（baroque）
超现实主义（surrealism）
超写实（ultra-realistic）

2.5 视角

视角是指摄影机拍摄时所采用的拍摄角度，根据不同的角度，可以分为平视、仰视、俯视、顶视、鸟瞰、微观等视角。不同的视角有着不同的作用和效果。

不同的视角类别及其英文翻译如下：平视（first-person view）、仰视（bottom view）、俯视（overlook）、顶视（top view）、鸟瞰（aerial view）、微观（microscopic view）。其中平视是人们平时看物体最常用的视角，也是Midjourney生成图像时的默认视角，所以平视不用刻意在提示词中注明。如果想要其他视角效果，就必须添加相关视角的关键词。

下图所示为笔者生成的红色沙发。获得平视视角下的噪点编号之后，在之前的提示词基础上添加视角提示词，又生成了另外几个视角的图像。（可以看到虽然用了噪点编号，但生成的沙发造型还是有比较大的区别。不能统一造型是目前Midjourney最大的欠缺，相信之后的版本能解决这个问题。）通过生成的图像可以观察不同角度下的不同效果。

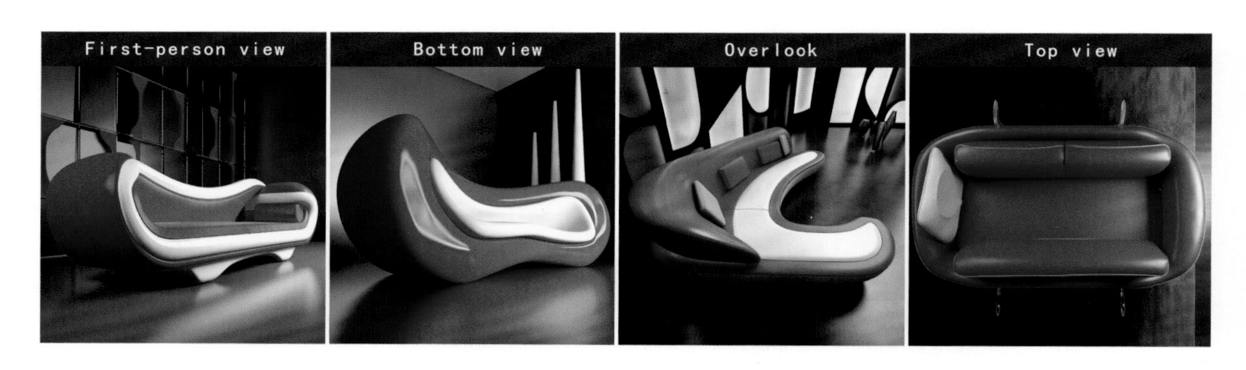

平视是最常用的视角；仰视适合用来生成高大的物体；俯视适合用来生成小物品；顶视用得比较少，因为顶视画面会显得比较呆板，空间感和层次感都会减弱；微观视角适合用来表现一些小昆虫或者很小的物件。可以结合生成物特点来决定使用哪种视角。

2.6 气氛

气氛主要是针对场景而言的。它是看不见、摸不着的，是各元素结合在一起时产生的效果。大雾弥漫的早晨、霞光四射的落日、绚丽的雨后彩虹、灯火辉煌的街道、寂静的夜晚……不同的气候、时间、灯光、装饰带给人的不同感受就是气氛。

为了烘托场景，最常用的气氛有下雨（rainy day）、下雪（snowy day）、日出（sunrise）、黄昏（dusk）、月夜（moonlit night）、乌云密布（clouded over）、雨后彩虹（rainbow after rain）、雾气（fog）、冷暖光（warm and cold light）、开满花（in full flowers）、飞花（flying flowers）等。

在 Midjourney 中，默认的气氛是白天晴天气氛，需要其他的气氛时，直接在提示词中添加相关的气氛描述词即可。除了以上效果，在提示词中还可添加一些形容词，以加强气氛效果，如史诗般的（epic）、浪漫的（romantic）、恐怖的（bloodcurdling）、错综复杂的（intricate）、极致的（ultimate）等。

右图所示为笔者生成的一组在不同气氛下的骑龙少年。其中下雪天使用的英文提示词是“High in the sky, a young man dressed in black, riding a Western dragon. Full body. Snowy day. --ar 5:3”。默认状态下生成的是晴天效果，可以满足大部分的需求，但是平淡无奇；在加入不同的气氛效果之后，立刻营造出了不同的故事感，拥有了电影般的戏剧画面，极大地增强了画面的吸引力和感染力。

2.7 Midjourney 的出图方式

Midjourney 的各种出图方式 2.1 节已经介绍过，但此前只是粗略介绍，为的是让大家对 Midjourney 形成一个初步的认识。通过对前面的参数、风格、视角、气氛等的系统学习，现在终于可以比较全面且专业地使用 Midjourney 出图了。

下图所示为提示词构成模板，注明了完整的提示词构成所需要具备的要素，以及这些要素在提示词构成中的前后组合顺序。提示词构成中的关键词条理清晰，有助于 Midjourney Bot 机器人进行读取，可以提高生成图像的准确率。

提示词构成模板	
图片参考	最好是以 jpg 或者 png 等图片格式结尾的网址。
人物描述	人物的年龄、特征、服饰等描述，以及人物的动作。
场景描述	包括年代造型特征、视角等描述。
气氛	为了提升图像的画面感所添加的特殊气氛效果、灯光等。
风格	生成图像的艺术风格方向。
参数设置	画面的比例、质量、风格化，以及版本等设置。

生成图像时根据这个模板添加内容即可。值得一提的是，调整关键词的前后顺序，也会产生一些不一样的效果。

2.7.1 文生图

文生图的概念之前讲过，这里不再赘述。现在用所学的知识去组合生成一幅完整的作品。

下页图所示为笔者综合各元素生成的 4 张油画。提示词是“凡·高和蒙娜丽莎走在纽约的大街上，凡·高穿了一套西装，蒙娜丽莎穿了一件时尚的长裙。全身。白天的效果。古典油画风格。莱奥纳尔多·达·芬奇绘画风格”。英文提示词如下页图所示。

Van Gogh and Mona Lisa walking in the streets of New York, Van Gogh in a suit, Mona Lisa in a fashionable long dress,
Full body. Daytime effect.Classical oil painting style. Leonardo painting style .--ar 3:5 --q 2 --s 200 --v 5 - @YiMing

在图中顶部的提示词中，红色示意部分是对人物和场景的描述，包含人物的服饰和行为；绿色示意部分是对天气和人物显示方式的备注；蓝色示意部分是风格方向；紫色示意部分是各参数设置。虽然标注的风格是达·芬奇风格，但提示词中出现了凡·高的名字，所以可以很明显地看到使用了一些凡·高的用笔手法。让15世纪文艺复兴时期的达·芬奇画19世纪的凡·高，同时让凡·高和蒙娜丽莎出现在同一幅油画中，这种画面可以让人产生一种恍惚的感觉。

文生图时，如果想要的效果不是太明显，可以使用不同的描述词，如写实的（realistic）、高度细节的（highly detailed）、4K的清晰效果（4K）、照片级写实的（photorealistic）、超写实的（ultra-realistic）等。多强调几次，效果会明显一些。

2.7.2 图生图

图生图是指使用参考图的构图、风格及造型去生成自己的图像。

这种方式可以减少使用很多描述词，对于英语基础欠佳的用户来说是行之有效的方式，但这种方式也被许多人抵制。在设计网站 Artstation 上，曾掀起一股抵制 AI 绘画的浪潮，主要针对的就是拿别人的作品去生成自己的作品。这是可以理解的。试想一下，你的一幅作品画了十多天，你的风格形成花了十多年，结果别人只要拿到你的一幅画，就可以轻而易举地使用你的画面元素和风格，换作谁都不会太愉快。但技术的车轮一直在前进，它不会后退，趋势形成之后是无法逆转的。这一点也是 Midjourney 开发时所在意的，当使用 Midjourney 图生图的方式生成图像时，Midjourney 会尽量让生成图像和参考图拉开差距，无论是气氛、造型还是细小元素都会避免雷同。

在使用图生图方式生成图像的时候，可以尽量使用照片素材、自己以往的作品，或者自己生成的比较好的图像，以生成更好的图像。

下图是笔者十多年前绘制的一张场景设计图，这张图属于中规中矩的影视概念设计图。笔者用 Midjourney 为它施加“魔法”，看看会有什么变化。

获取图片网址的方式

第 1 种：对于网络上的图片，在图片上单击鼠标右键，然后单击“复制图像链接”选项，即可获得图片网址。

第 2 种：对于自己的图片，把图片导入 Midjourney 操作界面，会生成一个附件的图片信息，直接按 Enter 键发送，之后会看到图片已出现在 Midjourney 聊天界面，单击放大图片，并单击鼠标右键，选择“复制图像链接”选项，即可获得图片网址。

笔者使用的提示词是“这是一座非常有科技感的城市，建筑结合了现代派和未来派的风格。这座城市由独特的城市外观、高耸的摩天大楼、流线型建筑和未来主义建筑混合组成。空中有许多飞行器。史诗般的场景。Artstation 上的作品趋势。保罗・查迪森的风格。照片级写实，超逼真”。如下图所示，蓝色部分就是图片网址，后面是英文提示词和参数设置。

下面这两张图是挑选了两张生成图放大后的效果图，有没有科幻大片《星球大战》的既视感？和原图相比，有一种说不清、道不明的关联。比起笔者 10 多年前绘制的原图，生成图在光影质感方面有了质的飞跃。

图生图功能可以达到事半功倍的效果，以后概念设计师出图时，只需要大概画一下想要的效果，Midjourney 的图生图功能就可以在几分钟内为设计师提供很多种方案。

2.7.3 图图结合

图图结合是指使用两张参考图去生成一张图。这种方式有点像使用“/blend”指令生成图像，但使用“/blend”指令时不能添加其他额外的提示词，调整的余地不大。而图图结合的方式可以在图片的基础上进行额外的修改和调整。

为了展示图图结合和使用“/blend”指令生成图像的明显区别，如上图所示，笔者继续使用 2.3 节讲解“/blend”指令时所用的两张图片：异齿龙和山林场景。获取图片网址的方式和之前相同，在使用提示词

的时候，图图结合和图生图唯一的区别是：一次添加两个网址，需要用英文句号和空格的形式把两个网址分开。其他文字描述词和文生图中的类似，可以结合这两张图去写。例如，笔者使用的提示词是“一头异齿龙，在瀑布边咆哮，后面是美丽的瀑布和彩虹，还有一大片树林”。英文提示词如下图所示。

如上图所示，笔者使用很简单的提示词搭配两张图片，就生成了一组壮观的侏罗纪时代的环境画面。下图是之前用“/blend”指令生成的混合图，对比图像，可以发现用图图结合的方式生成的画面更加生动、真实，光影效果更加自然。图图结合的方式灵活性更高，可以添加任何想要的效果。

至此，Midjourney 的核心功能基本都讲解完成了。第 3 章将进入实战环节，带领大家用 Midjourney 生成作品。

第03章

Midjourney实战

3.1 生成设计作品

生成设计作品应该是 Midjourney 最重要的作用之一。如今，基本所有的大众型设计都已经采用数字化工作方式，设计的数字化和 AI 的自动化有着血脉相承的关系，它们都是大幅提升了设计的效率。

任何行业的设计者在进行深入设计之前，都会先提出一些初步的想法，作出观念性质的设计图。早期这类设计图主要使用素描手法来绘制，之后改用水彩等颜料，经过很多年的发展才用到数字工具，画面的写实程度、质感不断升级，而 AI 绘画将再一次引发设计方式的变革。

Midjourney 可以为设计师快速提供创作灵感，并完成从草图设计到效果图生成的一系列操作。常规的设计流程为了节省不必要的人力，都是从设计草图开始的，草图敲定后才进入上色环节，之后再进行细化。Midjourney 可以省掉前面的所有设计步骤，直接出成品效果图，快速而直观。

3.1.1 概念设计

这里的概念设计主要是针对影视游戏行业而言的，它涉及游戏概念设计、影视概念设计等，其中又包含角色概念设计、场景概念设计、道具概念设计等。为一部游戏、一部电影进行整体概念设计，相当于设计一个小社会或者小世界。概念设计本身不是产品，而是产品在生产之前的规划蓝图。现在很多概念设计师利用遮罩绘画（matte painting）手法或者 Blender、Unreal Engine 5 等工具出概念设计图，都是为了让概念设计图的效果（材质、光影等）更真实，让设计图和最终的实拍画面或者 CG 画面更接近。使用 AI 图像生成工具可以直接生成接近成片的效果图，而下游的执行人员也不用再去猜测其中的元素用的到底是哪种材质。下面通过场景和角色两个类型的案例，为大家讲解相关图像的生成过程。

1 场景设计

在许多国风游戏、古装影片中经常会出现一些高山上的建筑场景，云雾缥缈，虚实相间，这体现了中国人特有的审美偏好，很多场景概念设计师应该都设计过这类场景。现在用 Midjourney 设计这样一个场景。

场景提示词为“在一座山上，有许多的中国古建筑，山下云雾缭绕，如同仙境，周围景色非常漂亮，瀑布流水，空中有仙鹤飞舞”。

考虑到影视、游戏的画面呈现方式，大部分场景设计都采用横版构图，如 16 ： 9 或者 2.35 ： 1，这里用 2 ： 1 的画幅比例（比例不能使用小数）。

在 Midjourney 中，如果没有注明风格，默认生成的都是写实风格的图像。如果是内部项目，在没有特定要求的情况下可以采用写实风格。但如果是外包或者第三方项目，可能需要采用绘画风格，毕竟不是每位客户都能接受 AI。写实风格的品质可以高一点：设置质量参数为 2，风格化参数为 150。绘画风格的概念设计参数可以低一点：质量参数可以是默认的 1，风格化参数选用 80 即可（默认是 100）。

英文提示词为“On a mountain, there are many ancient Chinese buildings, the mountain is shrouded in clouds, like a fairyland, the scenery around is very beautiful, waterfall water, there are cranes flying in the air. --ar 2:1 --q 2 --s 150”。这是写实风格的提示词。想要绘画风格可以添加常规的概念设计风格关键词“Concept art style. Digital art.”。下图所示为生成的写实风格场景。这两组是几组图中效果比较好的。

挑选其中最好的两张，单击生成大图，如下图所示。左边这张图中远处的房子有点扭曲变形，右边这张图中建筑群下面的桥看上去太现代了。

分别单击两张图像下方的 Make Variations 按钮，在图像上进行小范围的修改，再次生成图像。效果如下面两组图所示。

其中有两张符合笔者的期望，单击放大图片，如下图所示。

虽然笔者注明了空中要有仙鹤，但生成的图像中并没有出现仙鹤，怎么办呢？只需要输入提示词“一些飞翔的仙鹤，白色背景”，英文就是“Some cranes in flight, white background . --ar 2:1”，即可得到各种飞行姿势的仙鹤，如下图所示，采用白色背景是为了方便抠图。在 Photoshop 中打开场景图和仙鹤图，进行处理即可。最终效果如下页图所示，仙鹤为场景增添了几分灵动和活力。

前后耗时不到 1 小时，就拥有了两个写实风格的方案。下图所示为在之前的提示词基础上添加了“Concept art style”后生成的偏绘画风格的图像。

2 角色设计

角色设计案例可以尝试一下近些年大受欢迎的赛博朋克题材。赛博朋克的特点是高端科技与低端生活，有一种虚幻与现实结合后呈现的光怪陆离的视觉感。

设计一位赛博朋克青年，画面中如果只有一个单独的角色，难免单调，可以把他置于一个夜景街道中。画面用竖画幅。完整的提示词是“一个 20 岁的赛博朋克男子，全身，亚洲人，白头发，手臂是机械手臂。他戴着一副紫色方形眼镜，很酷。背景是一条夜景街道。霓虹红色，虚幻引擎 5，写实，极其细致”。这里的霓虹灯是一个重点，也是赛博朋克感的气氛所在。霓虹灯、街排灯箱广告牌是赛博朋克的视觉标志。其他赛博朋克元素有机械、仿生人、义体武器等。英文提示词在下页图中可以看到。

得到的图片如下页图所示。这是一组风格类似于动画版的《赛博朋克 2077》的赛博朋克图。这些图并不是一次性生成的，而是迭代了许多次的结果。最终的提示词也经过了多次调整，虽然提示词中一直强调全身，但仍然会生成许多半身像的图片。

图像生成的过程就像甲方给设计师提要求的过程，要求越具体，生成的图像越接近预期，年龄、肤色、是否有胡须、是否戴眼镜、穿什么服装、采用什么灯光等，都可以进行详细描述。如果想生成概念设计风格的图像，V4 版本也有不错的表现。

A 20-year-old cyberpunk guy, Full body . Asian. White hair. The arms are robotic arms. He wore glowing purple square glasses . Very cool. In the background is a night-view street . Full body . neon red, unreal engine 5, realistic, extremely detailed, --q 5 --ar 2:3 --s 150 --v 5 - @YiMing

3.1.2 建筑设计

建筑设计流程一般分为3步：第1步，了解客户需求，进行预算，之后出策划草图；第2步，确认草图后出效果图；第3步，效果图通过后出施工图。Midjourney可以免去第1步，直接出效果图。Midjourney出效果图比设计草图还要快。

设计高楼大厦、公共建筑的建筑设计师凤毛麟角，设计民用住宅的建筑设计师相对多一些。前面已经设计过一些高端、大气的博物馆，本案例就设计一座民用住宅，这样比较接地气，也容易落地。

右图所示的这种房子出生于农村或者去过乡下的人应该都见过，这个房子前面有马路，所处位置还不错，就是太破旧了。笔者将通过以下步骤对其进行改造设计。

第1步： 把泥土房图片上传到Midjourney中，获得图片网址。

第2步： 在指令框中，以泥土房图片网址+文字提示词的形式出设计图（效果图）。可以对设想的房子进行简单描述，提示词为"树前面有一座别墅，一座现代简约风格的中式别墅，两层，有两个阳台，有一个漂亮的大花园"。英文提示词为"The villa in front of the tree, a modern simple style of Chinese villa, two floors, there are two balconies. There is a nice big garden. --ar 2:1 --q 2 --s 230 --v 5"。获得的效果如下图所示，虽然泥土房明显升级了，但看上去还是太普通了。

第 3 步： 上一步的生成效果和笔者预期的相差很多，笔者找了一张参考图，如右图所示，这是一栋比较流行的现代农村别墅，可以将其作为生成效果的催化剂。

第 4 步： 这次笔者使用图图结合的方式重新出效果图，第 1 张图依然是泥土房图片，第 2 张图为农村别墅的参考图。修改提示词为“树前面有一栋房子，一座现代简约风格的中式别墅，三层楼，有两个阳台。落地窗。别墅前面是一条平坦的水泥路。有一个漂亮的大花园”。如下图所示，两个网址中间的句号把两张图片分开了。网址后面是英文提示词。这两组图是在参考图催化下的生成效果，建筑结构和楼层布局好了很多，档次提升了，有了现代时尚感。

如果仍然没有得到预期的效果，可以尝试调整提示词或更换参考图片。笔者挑了两张比较满意的，单击放大图片。下面第 1 张图中的建筑现代简约，带有一点硬朗的工业风。第 2 张图中的建筑有层叠的布局方式，十分前卫，表面有大量的绿植，和周围的环境形成了呼应，有点像绿色生态型建筑。

多一个方案，客户就会多一个选择。客户一般都喜欢做选择题而不是问答题。确认方案之后，就可以开始设计建筑施工图，也就是 CAD 图了。至此，效果图的设计工作就告一段落了。

制作效果图时一般使用的软件是 3ds Max，如果想模仿 3D 渲染的效果，可以在提示词中写入它的渲染器 Octane Render、Vray Render 等，以模仿真实的渲染效果。

3.1.3 服饰背包设计

服饰是一个很大的品类，包含服装、鞋、帽、袜子、手套、围巾等许多小品类。这些都可以通过 Midjourney 来进行造型设计。下面针对 T 恤、鞋和背包进行案例讲解。

1 T 恤

T 恤是一种非常大众的服饰，其制作工艺比较简单。现在许多电商都有图案印刷服务，有了图案后就可以印在 T 恤上。近些年国潮风非常流行，笔者就带领大家做一件国潮风的 T 恤，然后让虚拟模特穿在身上。

先分析制作方式。对于 Midjourney 来说，可以一次性生成穿着国潮图案服饰的模特，但需要同时控制模特和国潮图案造型，这是一件复杂的事情。笔者计划把两者单独生成，再合并到一起。

第 1 步： 生成有国潮图案的 T 恤。能代表国潮风格的图案有很多，只要是我国特有的元素就可以，但要有代表性和辨识性。笔者选用了凤凰。关键词为“T 恤设计，一件白色 T 恤，上面是中国插画风格的抽象凤凰。白色背景。超现实。虚幻引擎”。这里插画风格是重点，不然会出现写实风格的凤凰。虚幻引擎主要是针对 T 恤的材质而言的。英文提示词为“T-shirt design, a white T-shirt, there is a Chinese illustrator style of abstract phoenix. White background. Ultra-realistic. Unreal Engine --ar 2:3 --q 2 --s 200 --v 5”。生成的两组图像如下图所示。

第 2 步：上页图中第 2 张看上去不错，单击放大图片。感觉闭着嘴巴的凤凰缺少热血，单击图像下方的 Make Variations 按钮，进行一次小范围的修改，得到下面的 4 张图。笔者选择了第 2 张。

第 3 步：生成模特。笔者选择的这款图案比较适合男生，虚拟男模的提示词为“25 岁的中国男模，穿着白色 T 恤和牛仔裤，他的两只手插在裤子的口袋里。他的手腕上戴着一块手表。白色背景。逼真。虚幻引擎。照片”。英文提示词为“A 25-year-old Chinese male model, wearing a white T-shirt and jeans. His two hands in his pants pockets. He has a watch on his hand. White background.Ultra-realistic. Unreal Engine. Photograph. --ar 2:3 --q 2 --s 250”。

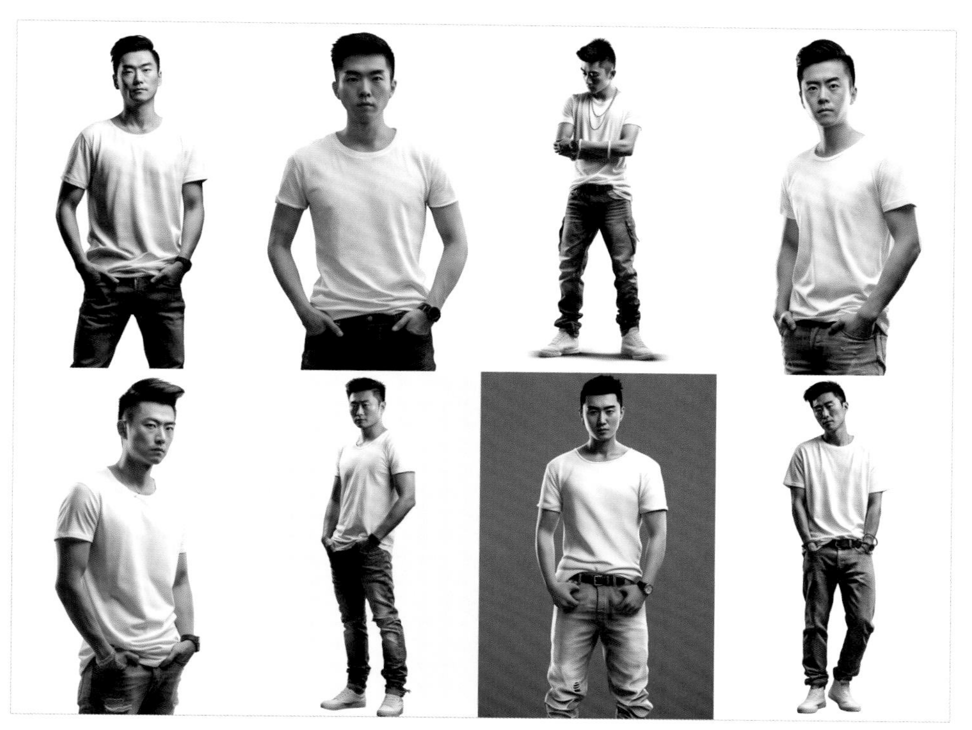

第 4 步：组合。T 恤和模特都有了，笔者选用了其中的两张图，组合方式如右图所示。

+

第 5 步：笔者试过用图图结合的方式，以及用“/blend”指令生成图像的方式，但这两种方式对插画的改变都太大，失去了原本的插画效果。笔者索性把它们一起导入 Photoshop，由于 T 恤是白色背景，只需要在 Photoshop 中使用图层的“正片叠底”混合模式，就可以把两者组合在一起。如下图（左）所示，笔者只是把凤凰的颜色稍微调红了一点，又做了简单的擦除。

下图（右）是笔者用相同的方式生成的有中国山水画的 T 恤方案。袖口两侧使用了相同的山水画元素作为呼应。山水画用的颜色不宜太多，主色控制在一两种就好。山水画使用的英文提示词为“T-shirt design, a white T-shirt, T-shirt is a Chinese freehand landscape painting, only blue and black. Abstract simple pattern. The pattern only on the bottom half of the T-shirt.White background. Ultra-realistic. Unreal Engine --ar 2:3 --q 2 --s 200 --v 5”。

2 鞋

模特穿的是白色 T 恤，他的鞋最好使用白色或者浅色系颜色。下面来生成一双鞋。

第 1 步： 鞋的提示词为“一双很酷的男士运动鞋，硅胶鞋底，柔和的颜色，很有设计感，时尚，克雷格·格林风格，未来感，清晰，写实，虚幻引擎”。克雷格·格林是一位观念非常超前的设计师，他的设计作品前卫，有未来感，笔者选了他的风格作为方向定位。画面的画幅用默认的方形。采用写实风格，质量参数是 2，风格化参数是 200。英文提示词是“A cool pair of men's sneakers, silicone soles, pastel colors, very design sense, fashion, Craig Green style, futuristic, clear, realistic, Unreal Engine. --q 2 --s 200 --v 5”。如下图所示，生成了一批运动鞋，看上去都很前卫，但是整体的蓝、紫、绿色和印有凤凰图案的 T 恤搭配起来不是很协调。

第 2 步： 修改关于颜色的提示词，把“白色为主体色，点缀少量橙红色”（main body white, with a little orange red）添加到文字提示词中即可。新的英文提示词为“A cool pair of men's sneakers, silicone soles, pastel colors, main body white, with a little orange red, very design sense, fashion, Craig Green style, futuristic, clear, realistic, Unreal Engine. --q 2 --s 200 --v 5”。重新生成的图像如右图所示。

第 3 步：上一步生成的鞋的款式看上去太普通了，笔者决定继续进行调整，添加特殊造型的提示词“鞋的胶底有一些小圆形孔”（The rubber soles of shoes have some small round holes）。重新生成的图像如右图所示，这几款终于有了点前卫范儿。

第 4 步：笔者最终选定了上图第 1 双鞋，其造型非常有个性，带点淡蓝色，可以平衡浓郁的橙色。单击放大图片，如右图所示，透气的面料、逼真的细节，真的非常惊艳。

在生成产品的过程中，大家可以多找一些参考，毕竟每个人的精力有限，涉猎的范围也有限。对于陌生的产品，可以多观察它们的造型、颜色特点，借鉴它们的优点，并将其应用到自己的作品中。这样自己的作品也会逐渐成熟起来。

3 背包

背包是大家日常生活中经常使用的物品。

大家是否还记得2.2.6小节中的背包案例？笔者使用的提示词是“硬壳胶囊形状黑色背包，完整显示，简洁的产品设计，白色背景，由迪特尔·拉姆斯设计，octane渲染，4K，复杂、细致的纹理”。迪特尔·拉姆斯（Dieter Rams）是德国著名工业设计师。英文提示词为“Hard shell capsule shape black backpack, full display, simple product design, white background, designed by Dieter Rams, octane render, 4K, complex and detailed textures. --ar 3:4 --q 3 --v 5”。更换颜色时只需要把“black”修改为其他颜色即可。

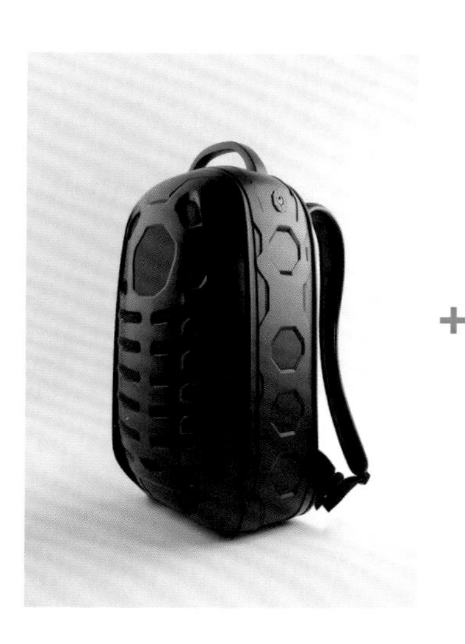

+

现在背包有了，让男模背上，看一看效果。

第1步：选择背包款式。使用的组合方式如左图所示。

第 2 步：这个模特朝向正面，如何让他转身，展示后背的背包呢？可以使用“/blend”指令，同时导入背包和模特这两张图。如下图所示，由于两张图用的都是竖画幅，“dimensions”选择“Portrait”选项即可。

第 3 步：生成模特背包效果。如右图所示，Midjourney 会自动计算背包和模特的关系，而不是进行简单的融合。模特特征和背包造型虽然没有完全还原出来，但已经基本够用。Midjourney 同时还生成了一张模特正面背包的图像，为的是让用户有更多的选择。

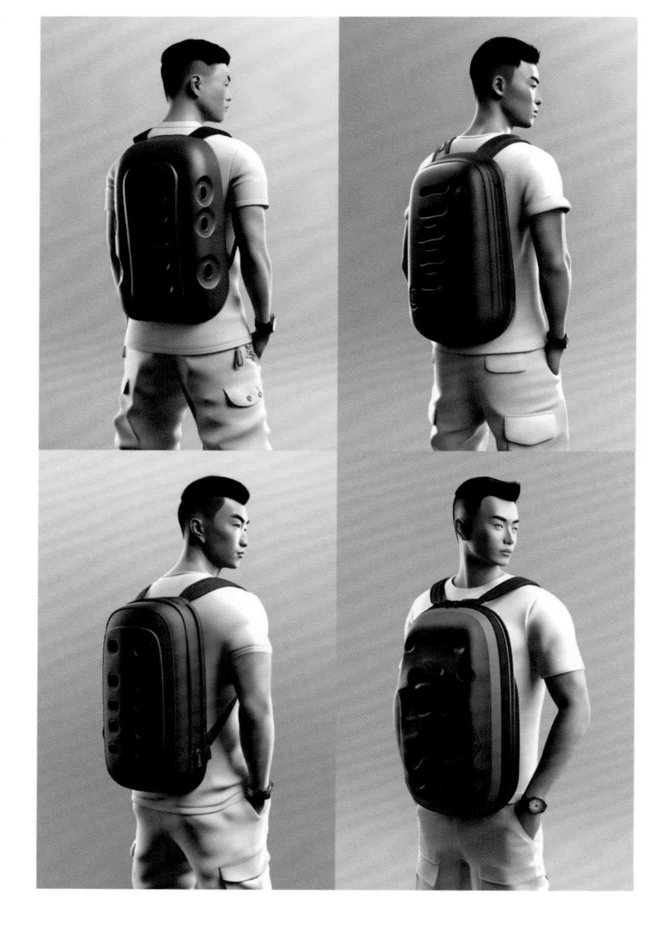

第 4 步：笔者挑选了一张各方面效果都比较好的图，单击放大图片。在 Photoshop 中用不到 10 分钟的时间做了一个产品单页（品牌名称纯属虚构）。

传统的产品设计流程前面已经介绍过，Midjourney 可以省去草图设计、深化设计的步骤，直接出照片级的产品展示图。而传统的拍摄流程包含提前准备摄影棚、约模特档期、专业打光、场景搭建、后期修图、设计排版等多道工序，Midjourney 可以直接将其简化为拍摄产品 + 虚拟模特 + 排版，三步搞定，并且没有任何地点和时间的限制。据笔者了解，现在已经有许多家服装厂商和销售电商在实施 AI 虚拟模特的落地化流程，可以说很有先见之明，这样不仅减少了工序，还减少了相应的成本，对于企业来说是非常不错的选择。

3.1.4 潮流玩具

潮流玩具简称潮玩，是一种融入艺术、设计、潮流、绘画、雕塑、动漫等元素的玩具，它是由艺术家和设计师创造的玩具，往往具有收藏价值。例如，泡泡玛特就是一个知名的潮玩品牌。

现在有很多2D设计师开始把自己设计的角色制作成潮玩。但从2D设计图到潮玩的转变过程中，经常会遇到2D造型的结构太复杂，不易转化为潮玩的问题。而Midjourney可以省去2D设计的步骤，直接以“照片”形式呈现。确定好Midjourney中生成的造型后，可以直接3D建模，之后扫描生成原模。这样效率会提高很多。在Midjourney中，使用Midjourney V5和Niji V5可以生成不同的效果。接下来分别用两种模型生成潮玩，看一看效果。

1 使用 Midjourney V5

第1步：定方向。现在流行的泡泡玛特系列基本都是以孩子造型为主，走的是萌系路线，笔者打算生成一个萌系的小女孩潮玩。提示词为“IP玩具。一个可爱的卡通娃娃。卡通娃娃是一个可爱的小女孩，梳着长长的辫子。她头上有一朵花。全身显示。蓝色大眼睛，长睫毛。她的脸颊是红的。她有一张卡通、可爱的脸。站立姿势。幻想，梦幻，超现实主义，超级可爱，像3D效果。卡通风格。泡泡玛特风格。体积照明，octane渲染”。英文提示词为“IP toy. A cute cartoon doll. The cartoon doll is a cute little girl, she has long braids. An open cartoon flower on her head. Full body. Big blue eyes, long eyelashes. Her cheeks were red. She has a cute cartoon face. Standing posture. Fantasy, dreamlike, surrealism, super cute, like a 3D effect. Cartoon style. POP MART style. Volumetric lighting, octane render. --ar 2:3 --q 2 --s 200 --v 5”。

按Enter键确认后，生成了右侧的4张图像，第2款造型和款式都很不错，但笔者想要的不是3D作品，而是潮玩，长长的辫子不适合批量生产。不过这个造型很不错，可以先保留下来。

第 2 步：删除提示词中的“she has long braids”，用新的提示词重新生成图片，得到右侧的 4 张图像。第 2 款娃娃看上去很可爱，但裙子上的花有点不好看，单击生成大图，再单击图像下方的 Make Variations 按钮，进行小幅度的调整。这样就得到了下面左侧的 4 张图，可以看到裙子上的花和表情都有了一些小变化，4 款造型都挺可爱。笔者最终选了第 2 款嘟着小嘴巴的造型。

第 3 步：单击放大图片后，笔者发现娃娃的眼睛有点暗淡，头顶的装饰花也不好看，笔者就结合下图（左）的第 4 款造型，将眼睛和头饰花进行了替换。这样就得到了下图（右）所示的最终版娃娃。

大家是否还记得第 1 步操作完成后保留了一款废弃的方案？在 Photoshop 中打开之前保留的图片，稍加处理即可得到另一个可爱的娃娃，如右图所示。

❷ 使用 Niji V5

把前面使用的英文提示词结尾的“--ar 2:3 --q 2 --s 200 --v 5”改为“--ar 2:3 --niji 5 --style expressive --v 5”，这里用 Niji V5 版本的表现力模式来生成。按 Enter 键确认后，分两次刷新，得到下图所示的两组图像。效果接近笔者的预期，毕竟 Niji V5 是专门为动画夸张风格而开发的，用它来生成卡通风格的手办会更加合适。（下面在图上加上序号，以方便描述。）

笔者觉得第3个造型很好，有荷花元素，人物双手合十，闭目养神，看上去很可爱。唯一的缺陷是头顶的荷花太大了，比头还大，感觉人物的重心有点不稳。第 4 个造型也不错，看上去非常可爱。第 6 个造型看上去挺潮的，但也有缺陷：帽子耳朵上两个类似喇叭的造型不是很好看。

对第 3 张和第 6 张图片分别进行处理。单击放大第 3 张图片后将其保存，把大尺寸图片导入 Photoshop 中，对头顶的荷花进行缩小处理，效果如下图所示。

单击放大第 6 张图片后，单击 Make variations 按钮，进行小范围的调整。得到下面左侧的 4 张图。笔者挑选了第 3 个造型后，单击 Make variations 按钮，得到右侧的 4 张图。笔者选择右下角的造型图作为最终的潮玩生成图。

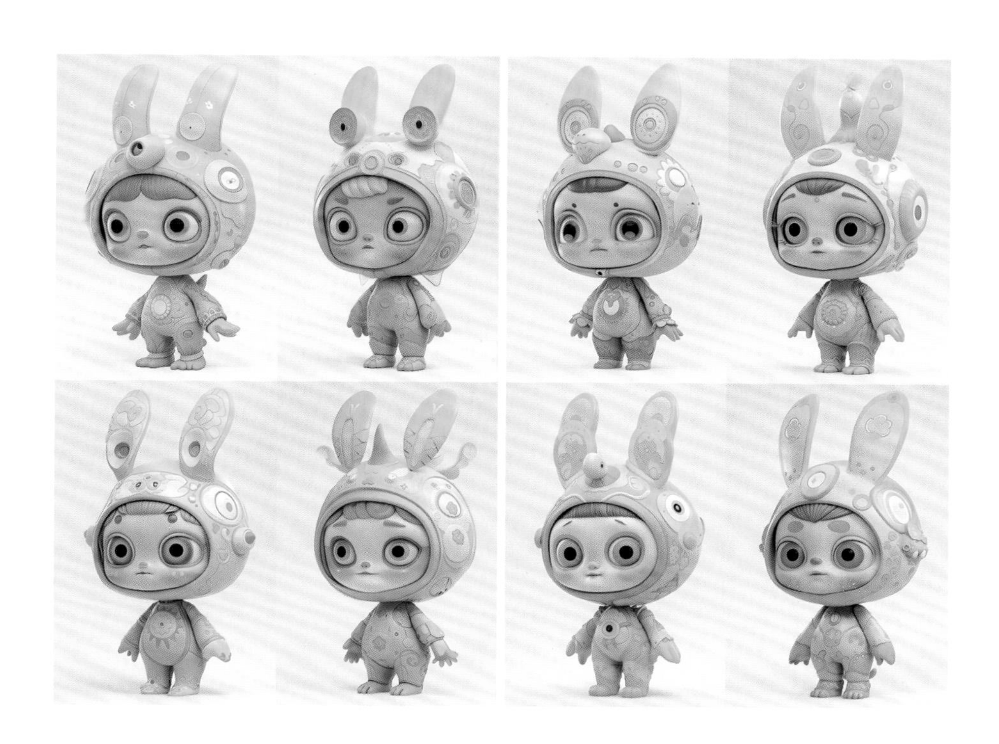

下面是第 3 张图片和第 6 张图片经过处理后的大图效果，以及第 4 张图片的大图效果。笔者为第 3 张图片添加了一点故障效果。

本小节的案例主要介绍了使用 Midjourney 生成潮玩的方法，相信大家在推敲后，生成的效果肯定比笔者生成的好很多。短视频平台上可爱的卡通造型同样可以用生成潮玩的方式生成。

另外，从案例生成和处理的角度讲，要综合多种方式去达到制作目的。想让所有的效果都在 Midjourney 中实现是不现实的。Midjourney 可以提高效率，但不能解决所有问题，大家要灵活使用。

3.1.5 首饰设计

首饰是现实生活中非常重要的装饰品。特别的造型和材质工艺可以凸显个性，甚至改变一个人的气质。本小节以最常规的戒指设计为案例进行讲解。

第 1 步：戒指由金属、钻石等组合而成，材质坚硬，质感明显，闪闪发光。风格包括简约风格、复杂风格等。这里设计一款看起来奢侈一点的 10 克拉大钻戒。提示词为“一款珠宝设计，以樱花为主题的戒指，10 克拉钻石，配以奢华宝石，奢华无比，看起来闪闪发光。产品视角，蒂芙尼风格。Artstation 的趋势。超多的细节，4K，柔和的照明，梦幻，时尚，Vary 渲染，虚幻引擎。 --q 3 --s 300 --v 5”。

产品采用展示视角。画幅比例使用默认的正方形。蒂芙尼是一个珠宝品牌，放在提示词中可以让 Midjourney 在计算的时候参考方向更明确。Vary 就是前面介绍过的 3D 软件中的渲染器，它在光线追踪渲染方面有不错的表现，所以笔者把它加了进来。采用写实风格，质量参数为 3，风格化参数为 300。

英文提示词为“A jewelry design, a cherry blossom themed ring, 10 carat diamonds, with luxury gems, luxury, look of glitter. Product views, Tiffany style. Trending in Artstation. Expertly captured using a Canon EOS R6 mirror less camera, paired with the sharp and versatile RF 120mm. An aperture of f/2, ISO 260 and a shutter speed of 1/500 sec. Ultra detail, 4K, soft lighting, fantasy, fashion, Vary render, Unreal Engine. --q 3 --s 300 --v 5”。按 Enter 键确认后，生成的戒指图片如下图所示。

英文提示词中，“Trending in Artstation”之后的两句描述是添加的一些相机设置，主要是为了提升“摄影”画面的质量，这里可以先不去理会。如果想知道使用的逻辑，可以查看后面的3.3节，其中有详细的相机设置介绍和在Midjourney中的使用方法。

第2步：在生成的戒指造型中，有的樱花太突出，有的造型不合理，都不方便佩戴。笔者从中选取了两款，单击放大图片，效果如下。

上面的戒指如果用3D建模的方式来制作，从设计模型到设置材质灯光，再到渲染合成，至少要花三四天的时间，而这里笔者前后只用了不到15分钟就完成了制作，并且有多个款式可供挑选。

手镯、耳环、吊坠等首饰的设计方式都是类似的。

3.1.6 电商UI设计

电商UI设计是电商设计和UI设计的合称，是指为App产品或者电商网站进行网站设计、界面设计、交互设计等，包括用户界面设计、网店页面设计、产品海报设计、产品详情页设计、图标设计等。电商UI设计师不仅要懂得平面设计、网页设计，还要学会应用平面元素和三维元素。

本小节主要介绍如何使用Midjourney进行用户界面设计和产品海报设计。

1 用户界面案例

第 1 步：定位。要设计的是一款售书 App 的界面，主要在手机上进行浏览。提示词为“用户界面设计，购书的 App，手机 App，简洁的界面，Figma”。Figma 是一款 UI 设计工具，与 octane 渲染、Vary 渲染、虚幻引擎等关键词的作用是相似的，界面设计用默认比例即可。英文提示词为“User interface design, App for buying books, mobile App, simple interface, Figma. --q 3”。

生成效果如下图所示。感觉两组图都平平无奇，并且缺少交互设置，如搜索框、购买按钮、收藏按钮等。

第 2 步：更改提示词为“UI 设计，书商的 App。图书展示。支付按钮，收藏按钮。顶部有一个搜索框。简洁的界面。干净的 UI。Figma。Behance 的设计趋势。平面显示”。其中的 Behance 类似于 Artstation，是一个更倾向于平面设计的设计网站。英文提示词为“UI design, bookseller App. Book display.Payment button. Favorite button. A search bar at the top. simple interface. Clean UI. Figma. Trending on Behance. Flat display. --q 3”。

使用优化后的提示词生成的效果如下页图所示。这次已经很接近预期了，需要的元素基本都已经具备了。

第 3 步：挑选最好的一套 UI 设计，单击放大图片，效果如右图所示。令笔者惊喜的是，这套 UI 有一款贴心的夜间模式。搜索框、折叠的菜单栏，以及各种功能都已俱全。现在需要做的就是用真实的产品替换所有书籍的封面，把虚拟的英文内容替换为中文内容。

第 4 步：生成合适的图标。图标同样可以在 Midjourney 中直接生成。使用的提示词主要是“icon design”“simple style, flat design”。图标的质量和风格化参数保持默认设置即可。效果如下页图（左）所示，这是一套稍微复杂的图标。如果想要更简单的图标，可以在提示词中加入“黑白线框，白色背景”（black and white wireframes, white background），效果如下页图（右）所示。

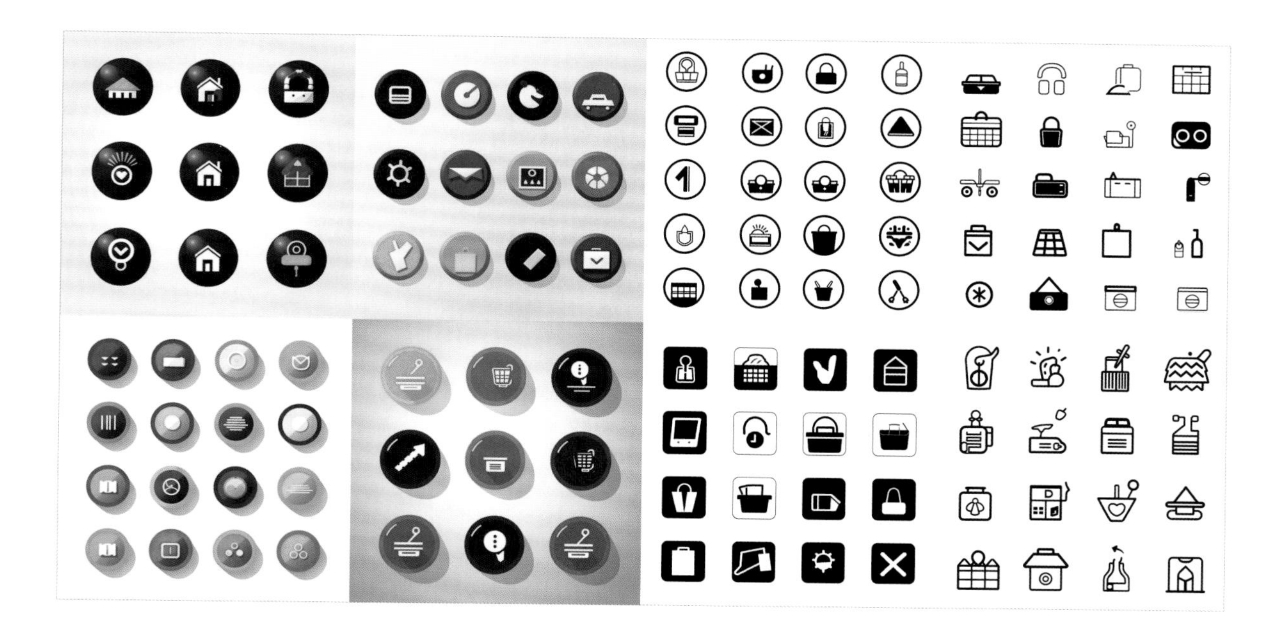

更改提示词为“图标设计，书架图标设计，图书图标设计，简约风格，扁平化设计，非常简单，白色背景 。”英文提示词为“Icon design, bookshelf icon design, reading icon design, simple style, flat design, very simple, white background, --v 5”。如下图所示，生成的图标的风格介于上面两种风格之间。笔者选用了最右侧的几个图标。

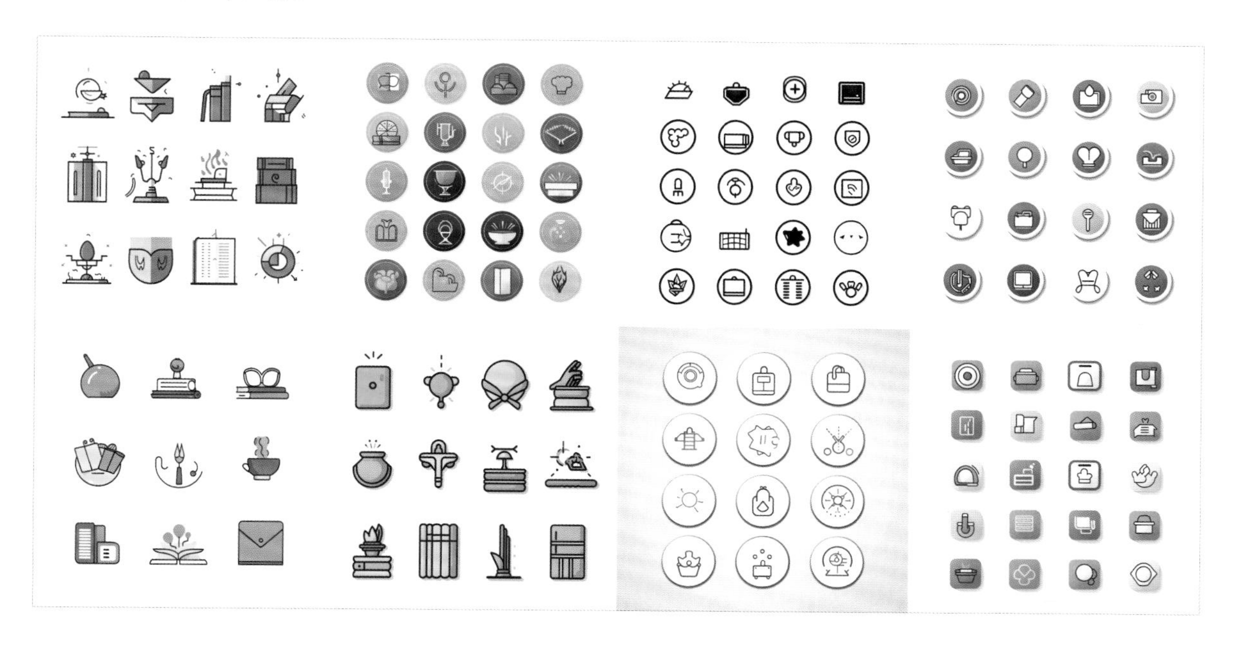

第 5 步：替换图标和文字。把选好的图标和界面设计一起导入 Photoshop 进行替换，最后的效果如右图所示（文字内容都是虚构的）。

在平面设计中，Midjourney 的应用范围有限，但生成 Logo、包装等基本无压力；UI 设计中一些费时费力的 3D 效果、插画效果也可以用 Midjourney 制作出来。

❷ 产品海报案例

在 3.1.3 小节的背包设计案例中，背包和模特相结合的展示图片就属于比较简单的产品海报。这里笔者带领大家做一款完整的产品海报设计。

第 1 步：定位。现在手里有一款产品，如右图所示，是一款男士保湿水，瓶子颜色由蓝色、金色和黑色组成，透露着阳刚之气（这款保湿水的瓶子包装同样是笔者用 Midjourney 生成的）。保湿水的最大作用是保湿，所以可以把它的展示环境设定在比较潮湿的地方，如雨林一角。

第 2 步：组织提示词。产品展示拍摄需要注意的事项包括视角（产品展示视角）、灯光（产品展示灯光，可以起到聚光的作用）、景深（聚焦产品的深景深可以弱化环境，突出产品）、拍摄风格（这里选择极简风格即可，周围元素太多，产品不容易凸显出来）。从前面的定位出发，结合上面的注意事项，形成的提示词是“一瓶男士保湿水产品展示，男士保湿水呈蓝色，外表面有金色的英文，产品放置在一个有涟漪的水中，产品展示角度，背景是热带雨林，以绿叶为主，深景深，极简主义风格，产品展示的聚光灯效果”。让环境中的产品和实际产品在外观上统一，后期替换时会更加方便。英文提示词为“A bottle of men's moisturizing aquatic products display, men's moisturizing water is blue, the outside is golden English words, the product is placed in a ripple of water, the product display angle, the background is a tropical rainforest, mainly green leaves, deep scenery, minimalist style, the spotlight effect of product display. --ar 2:3 --q 3 --s 300 --v 5”。画幅比例用 2 ： 3 的竖形。之所以这样设置，一是因为保湿水瓶子呈柱形，二是因为随着网购越来越普遍，大家都用手机浏览页面并购物，竖形的海报更适合用手机浏览。质量参数是 3，风格化参数是 300，这样能表现更多细节。版本选择 V5。

右图所示为使用提示词生成的产品展示效果图。如果对效果不满意，可以继续优化提示词，直到满意为止。

第 3 步：组合。笔者选择第 2 步生成的第一张图作为环境底图，组合方式如下图所示。把这两张图同时导入 Photoshop 中，虽然下图左侧的产品造型和右侧的产品造型并不完全一样，但左侧造型要优于右侧造型，所以直接将左侧造型叠加到底图上面即可完成替换。

因为生成环境中的产品时使用了和生成实际产品一样的外观描述，所以有许多相近的元素可以很容易地保留下来，如环境产品中的水泡、瓶壁上的水珠等。替换后的效果如下图（左）所示。

第 4 步：排版。在 Photoshop 或其他软件中进行排版，添加商品名称、介绍等相关信息。最终效果如下图（右）所示。

3.1.7 工业设计

工业设计的内容包罗万象，许多产品和人们的生活是息息相关的。

1 载具设计

本案例教大家设计一些有未来感的载具，如一辆未来的飞行器。Midjourney 只是一个工具，设计内容时自己需要有个方向，不然就像拆盲盒一样，不知道自己会得到什么。

第 1 步：对飞行器进行定位。关键词为“一架非常有未来感的飞行器，整体抛光设计，银白色，流线型，非常光滑。飞行器的外形像是一辆车，但它的前部像一个子弹头。有四个流线型的玻璃窗。飞行器的两侧是推进器。乔纳森·伊夫风格”。乔纳森·伊夫曾是苹果公司的首席设计师，他参与设计了 iPod、iMac、iPhone、iPad 等多款苹果产品，他的作品风格非常时尚简约。英文提示词为“A very futuristic aircraft with an overall polished design, silvery white, streamlined styling, and very smooth. The aircraft is shaped like a car, but the front of the vehicle is like a bullet. It has four streamlined glass windows. On either side of the aircraft are the thrusters, Jony Ive style. --ar 3:2 --q 2 --s 400”。按 Enter 键确认后，得到下面这些造型图像。这些虽然不是笔者想要的，但其中有几款造型还是非常酷的。

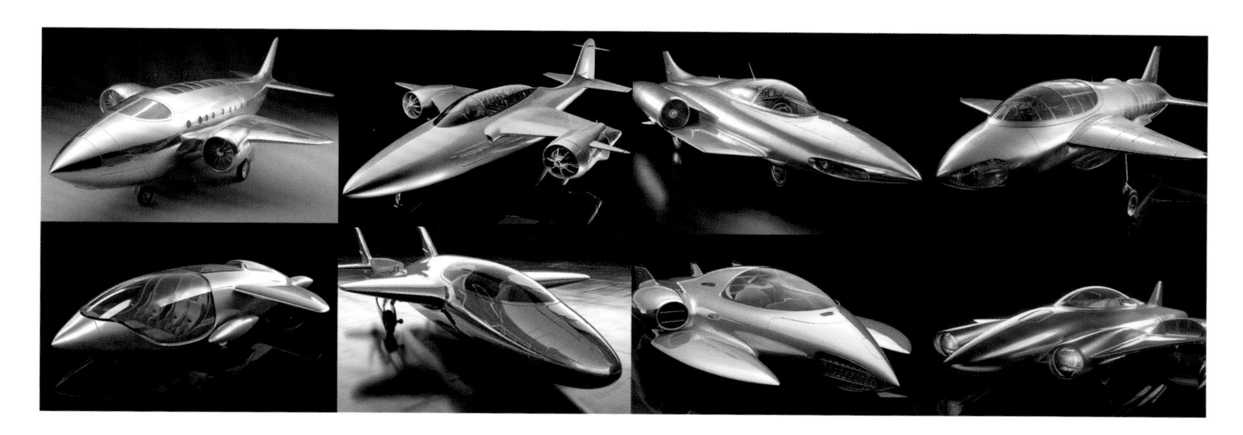

右图所示的这款造型有点像超音速飞车，属于意外收获。这么棒的造型完全可以保存下来。

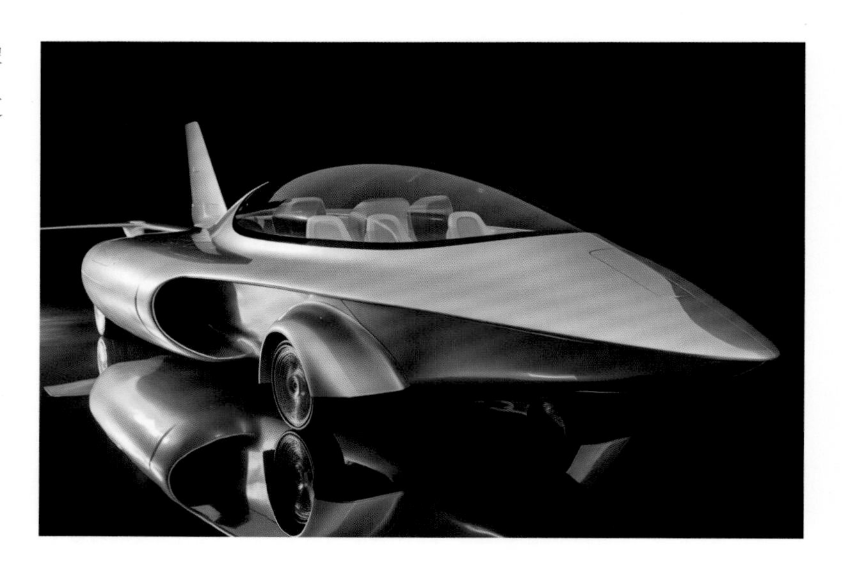

第 2 步：在设计地面上的造型时，AI 会更多地从汽车而不是飞机的角度进行考虑，所以应该让飞行器在空中飞行。并且现在的背景太黑，看上去很不舒服。笔者对提示词进行了适当优化，添加了“这个飞行器在空中飞行”和“背景是天空”的描述。英文提示词为“A very futuristic aircraft design. The aircraft is flying in the sky. A very futuristic aircraft with an overall polished design, silvery white, streamlined styling, and very smooth. The aircraft is shaped like a car, but the front of the vehicle is like a bullet. It has four streamlined glass windows. On either side of the aircraft are the thrusters. Sky background. Jony Ive style. --ar 3:2 --q 2 --s 500”。在不停地刷新调试后，笔者得到了几组造型相近的图像，如下图所示。终于接近笔者的预期了。

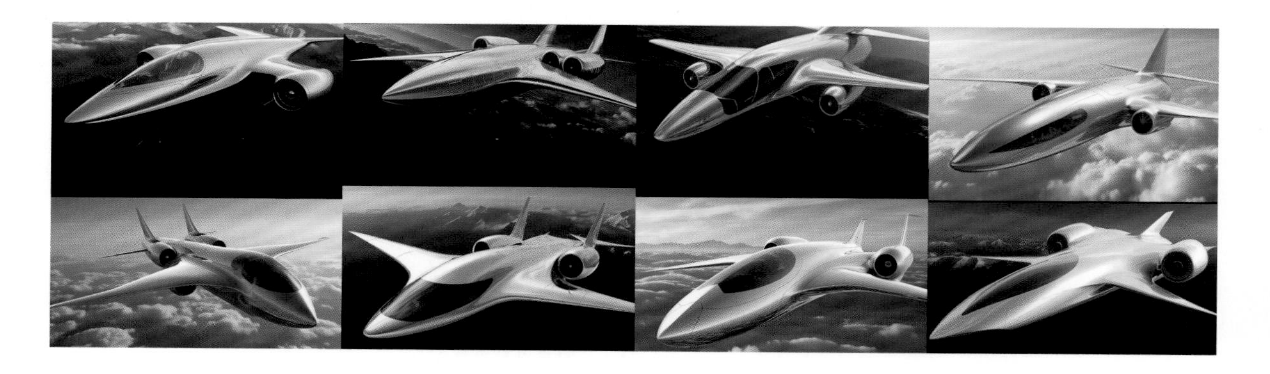

第 3 步：单击放大图片，得到下面的两张图。第一张图中的造型让我想起《三体》中三体星球的“水滴”探测器，非常有科幻感，去掉机翼和引擎，进行极简处理后，它就是一艘外星文明的飞行器。

第 2 张图中的造型属于近未来题材科幻片中出现的飞行器，熟悉的结构代表它是地球文明的产物，流线型的设计让人一眼就能看出它是一艘可以超音速飞行的飞行器。

2 家具设计

本案例设计的是一把独特、体验舒适的休闲椅。

第 1 步: 定位。什么东西看上去很柔软呢？笔者印象中是棉花糖和云朵。Midjourney 是国外团队开发的，笔者不确定它对棉花糖的理解是否到位，因此决定用云朵造型来生成一把椅子。提示词为“一款时尚的休闲椅设计，这把椅子由彩云形状的靠垫组合而成，由 20 朵云组成。非常漂亮，彩色的云。座位和沙发一样厚，很舒服。外面的材料是粗麻。椅腿较短，不锈钢材质，四条厚实的三角形支撑腿。干净的白色背景。灯光很亮。产品视角。超多细节，4K，柔和的灯光，幻想，时尚，虚幻引擎 ”。英文提示词为“A stylish lounge chair design, the chair is composed of cushions shaped like colorful clouds, it's made up of twenty clouds. Very beautiful, colorful clouds. The seat is as thick as a sofa, very comfortable. The material is coarse−looking. Chair legs are low stainless steel metal legs, four thick triangular support legs. Clean white background. The light is bright. Product views. Ultra detail, 4K, soft lighting, fantasy, fashion, Unreal Engine. −−ar 3:2 −−q 2 −−s 300 −−v 5”。

生成的图像如下图所示，造型没有彩云的感觉，像是用各色沙包缝制而成，不是太美观。虽然注明了由 20 朵云构成，但 Midjourney 对数量的掌控明显欠佳——这都有数百个“沙包”了。有密集恐惧症的读者估计会不忍直视。

第 2 步：优化提示词。一是让颜色变单一，二是让云朵的数量变少。将相关提示词调整为“像朵橙色的云，由 10 朵云组合而成”（The chair is composed of cushions shaped like an orange cloud, it's made up of ten clouds）。其他描述不变。

这次生成的款式效果比第一次好了很多，虽然云朵的数量还是超过了 10 朵，但相比之前的密集状态，效果已大为改善。

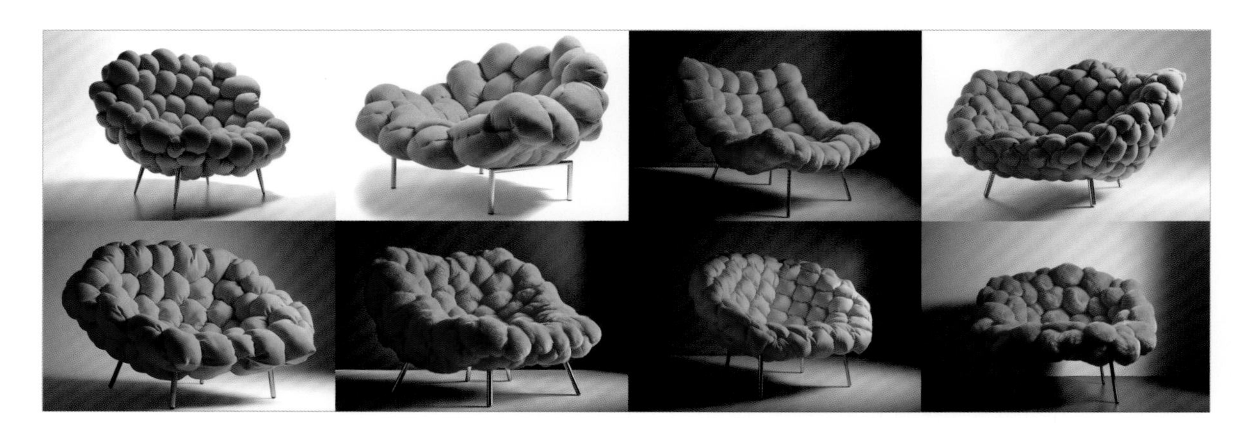

单击放大其中的两款造型，效果如下图所示。第一款造型太普通了，属于很大众化的造型，没有达到笔者想要的效果；第二款造型看上去还不错，可以投入生产。

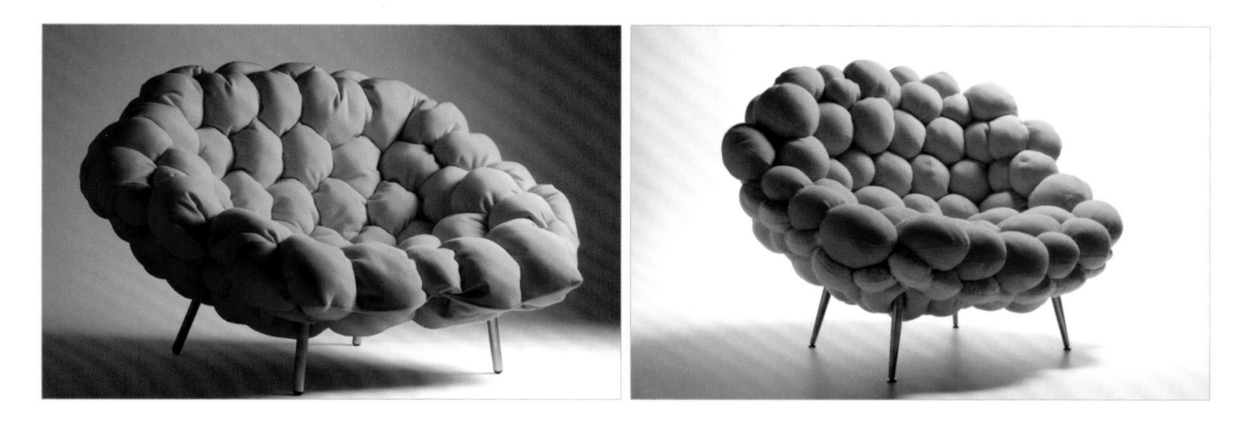

第 3 步：笔者还是想设计一款像彩云一样的特别的沙发椅。怎样使它的颜色看上去既丰富多彩，又不会显得杂乱呢？笔者想到了彩虹——颜色既多又漂亮。再次修改第 1 步中的提示词，把“彩色”（colorful）改为“彩虹色”（iridescence），完整的英文提示词为“A stylish lounge chair design, the chair is composed of cushions shaped like iridescence clouds, it's made up of twenty clouds. Very beautiful, iridescence. The seat is as thick as a sofa, very comfortable. The material is coarse-looking. Chair legs are low stainless steel metal legs, four thick triangular support legs. Clean white background. The light is bright. Product views. Ultra detail, 4K, soft lighting, fantasy, fashion, Vary render, Unreal Engine. --ar 3:2 --q 2 --s 600 --v 5”。

得到的图像如下图所示，颜色分布终于可控了。笔者挑了其中 3 款，单击放大图片。

第1款属于常规型，是那种自己可以动手制作的款式。

第2款有点像彩云，笔者想到了至尊宝踩着七彩祥云来找彩霞仙子的情景。

第3款是个艺术品，可以放进美术馆展览了。

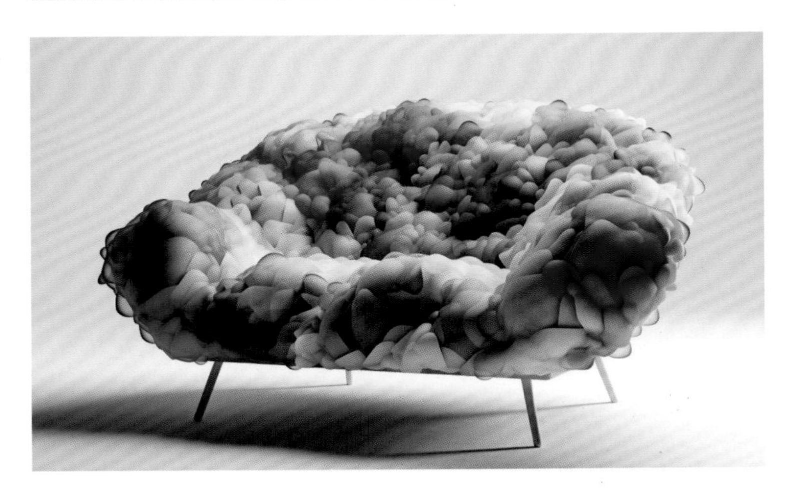

本小节的工业设计案例都比较特别，因为常规的设计对于Midjourney来说太简单了。在操作的过程中，最主要的就是找到相关的核心提示词。

3.1.8 设计作品和提示词展示

▲ 提示词：在一个地下宫殿里，宫殿的两边站着一些狮子怪物，用石头雕刻而成。电影室内照明。整体的亮度。锋利的结构。超级细节。8K。锐聚焦。

Prompt: In an underground palace, on both sides of the palace stood some lion monster, carved out of stone. Movie interior lighting. Overall brightness. Sharp structure. Super detail. 8K. Sharp focus. --ar 2:1 --q 2 --s 500 --v 5

◀ 提示词：哥特式城堡矗立在黑色的岩石中，乌鸦飞来飞去。超详细的。8K。虚幻引擎 5。

Prompt: Gothic castle stands in the black rock, crows flying around. Ultra detailed. 8K. Unreal Engine 5. --ar 9:13 --q 3 --v 5

◀ 提示词：奇幻氛围，色彩缤纷的灯光，柔和的色彩，插画风格，8K，新海诚风格，精致的蘑菇城堡，小树苗，柔软的草，萤火虫，超级清晰，可爱，野蛮生长，超级复杂的细节，疯狂的细节，美丽的风景，皮克斯风格，虚幻引擎 5，超广角镜头，HD。

Prompt: Fantasy atmosphere, colorful lighting, pastel colors, illustration style, 8K, Shinkai Makoto, delicate Mushroom Castle, small saplings, soft grass, fireflies, super clear, cute, savage growth, super complex details, crazy details, beautiful scenery, Pixar style, Unreal Engine 5, super wide angle lens, HD --ar 2:3 --v 5.1

▶ 提示词：场景概念设计，天空之城。数字艺术。

Prompt: Scene concept design, Castle in the Sky. Digital art. --ar 9:13 --c 50 --s 600

提示词：高细节的，照片真实，非常漂亮的室内阁楼设计，octane 渲染，3D 渲染。

Prompt: High detailed, photoreal, very beautiful interior loft design, octane render, 3D render. --ar 3:2 --v 5.1

提示词：高细节的，照片真实，非常独特的图书馆室内设计，矶崎新风格，octane 渲染，3D 渲染。

Prompt: High detailed, photoreal, very unique library interior design, Arata Isozaki style, octane render, 3D render, --ar 3:2 --v 5.1

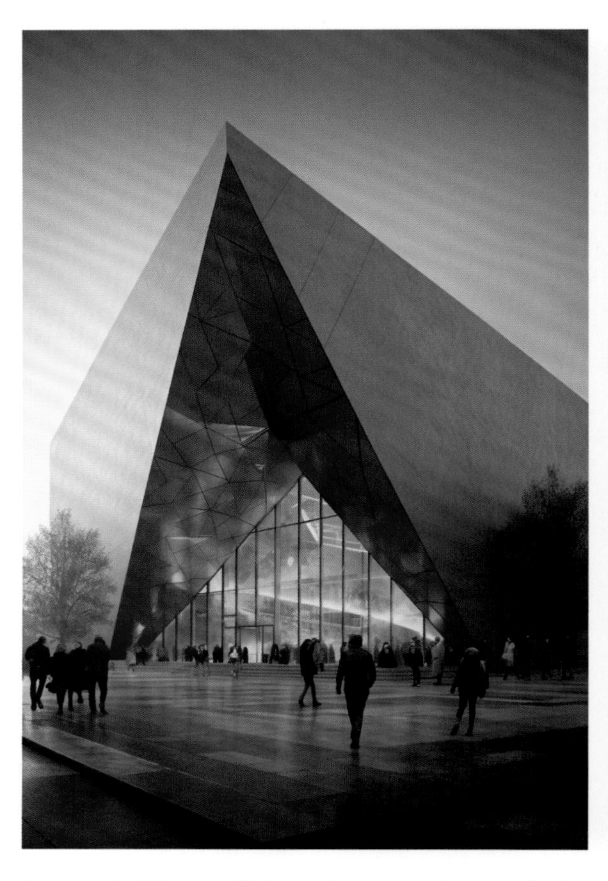

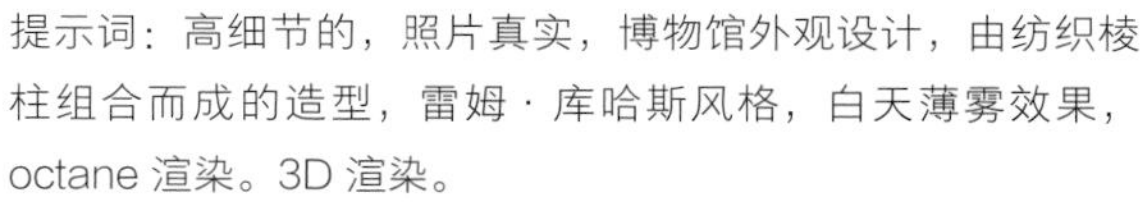

提示词：高细节的，照片真实，博物馆外观设计，由纺织棱柱组合而成的造型，雷姆·库哈斯风格，白天薄雾效果，octane 渲染。3D 渲染。

Prompt: High detailed, photoreal, exterior design of museum, the shape formed by the combination of textile prism, Rem Koolhaas style, daytime mist effect, octane render, 3D render. --ar 2:3 --v 5.1

提示词：全身展示的角色概念设计。一个女性机甲，除了她的头部，她很像电影中的钢铁侠机甲，机甲的颜色是金色和黑色，头部显示出女人的脸。全身显示。数字艺术。角色概念设计风格。

Prompt: Character concept design of full-body display . A female mech, except for her head, she is similar to the Iron Man Mech in the movie, the Mech color is gold and black, the head shows the woman's face. :: Full body show. Digital art. Character concept design style. --ar 2:3 --q 5 --v 5

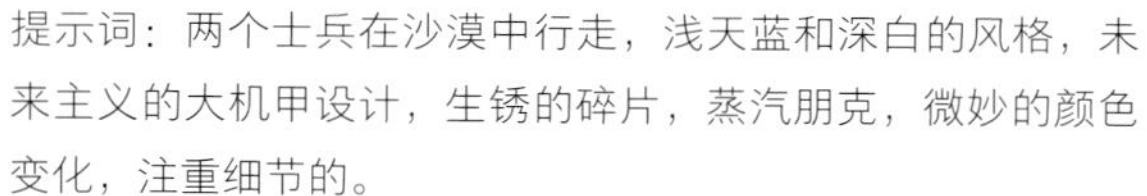

提示词：两个士兵在沙漠中行走，浅天蓝和深白的风格，未来主义的大机甲设计，生锈的碎片，蒸汽朋克，微妙的颜色变化，注重细节的。

Prompt: Two soldiers walking around in the desert, in the style of light sky-blue and dark white, futuristic big mecha design, rusty debris, steampunk, subtle color variations, detail-oriented. --ar 9:13 --c 50 --s 600 --v 5.1

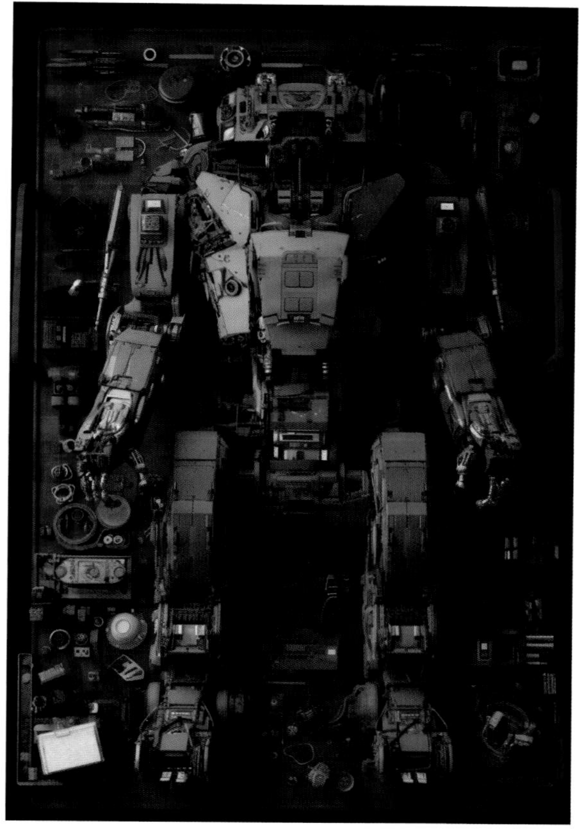

提示词：机甲，服装和机械部件，规则摆放，规则布局，解构，高度细节，深度，许多部件，lumen 渲染，8K，HD。

Prompt: Mecha, costumes and mechanical parts, knolling, knolling layout, deconstruction, highly detailed, depth, many parts, lumen render, 8K, HD, --ar 2:3 --v 5

（注：knolling 的意思是把物品拆解开，然后整齐地摆放好。）

提示词：一个幻想中的生物站在森林中，它由花和树组成，风格是诺亚·布拉德利，克伦茨·库斯哈特，大自然灵感的抽象，由薄雾组成，超现实主义，超详细的，戏剧性的照明，16K。

Prompt: A fantasy creatures are standing in a forest, it composed of flowers and trees，in the style of Noah Bradley, Krenz Cushart, nature-inspired abstractions, made of mist, super realistic, hyper detailed, dramatic lighting, 16K. --ar 9:13 --c 50 --s 600 --v 5.1

提示词：轻松的氛围，缤纷的灯光，柔和的色彩，全身，色彩，超级清晰，CG 可爱的小美人鱼在跳舞，海螺，贝类，海藻，珍珠，微胖，柔软，夸张的动作，开心，可爱的头饰，迪士尼大眼睛，大眼睛，闪光，穿着精美的服装，可爱，立体，模型，3D，野蛮生长，超级复杂的细节，疯狂的细节，完美的细节，美丽的造型，皮克斯风格，虚幻引擎 5，8K，超广角镜头，高清。

Prompt: Relaxed atmosphere, colorful lights, soft colors, full body, color, super clear, CG cute little mermaid in dance, conch, shellfish, seaweed, pearl, slightly fat, soft, exaggerated action, happy, cute headdress, Disney big eyes, big eyes, flash, dressed in exquisite costume, cute, stereo, model, 3D, barbaric growth, super complex detail, crazy detail, perfect detail, beautiful styling, Pixar style, Unreal Engine 5, 8K, super wide angle lens, HD. --v 5.1

提示词：气氛轻松，灯光缤纷，色彩柔和，CG 可爱的小怪物跳舞，略显肥胖，卡通，柔软细腻，夸张的表情，开心，可爱的头饰，迪士尼大眼睛，大眼睛，闪光，可爱，野蛮生长，超级复杂的细节，疯狂的细节，完美的细节，美丽的造型，皮克斯风格，虚幻引擎 5，渲染，阿诺德渲染，超广角镜头，高清，立体，模型，3D，全身拍摄，8K，超级清晰。

Prompt: Relaxed atmosphere, colorful lights, soft colors, CG cute little monster dancing, slightly fat body, cartoon, soft and delicate, exaggerated expression, happy,cute headdress, Disney big eyes, big eyes, flash, cute, savage growth, Super complex detail, crazy detail, perfect detail, beautiful styling, Pixar style, Unreal Engine 5, render, Arnold render, super wide angle lens, HD, stereo, model, 3D, whole body shooting, 8K, super clear, --ar 2:3 --v 5.1

提示词：一个装饰品。在一个玻璃球里。有一个冰的狐狸和冰树，细致，可爱。透视画。玻璃球里在下雪，很美。

Prompt: An ornament. In a glass sphere. Have an ice fox and ice trees, detailed, cute. Diorama.The snow in the glass sphere，very beautiful. --v 5

提示词：IP 玩具风格的狗。

Prompt: Dogs in the style of IP toy. --v 5

提示词：纸艺术动物剪影，在丛林中，风格柔和的彩色风景，神话图像，Cinema 4D 渲染，充满活力的壁画，喜马拉雅艺术，纹理丰富的景观。

Prompt: Paper art animal silhouette, in the jungle, in the style of pastel-colored landscapes, mythological iconography, rendered in Cinema 4D, vibrant murals, himalayan art, texture-rich landscapes. --ar 91:51 --v 5.1

提示词：高细节，照片级真实，工业产品设计，非常有未来感的摩托车，叙德 · 米德风格。Octane 渲染，3D 渲染。

Prompt: High detailed, photoreal, industrial product design, a very futuristic motorcycle, Syd Mead style. Octane render, 3D render, --ar 3:2 --v 5.1

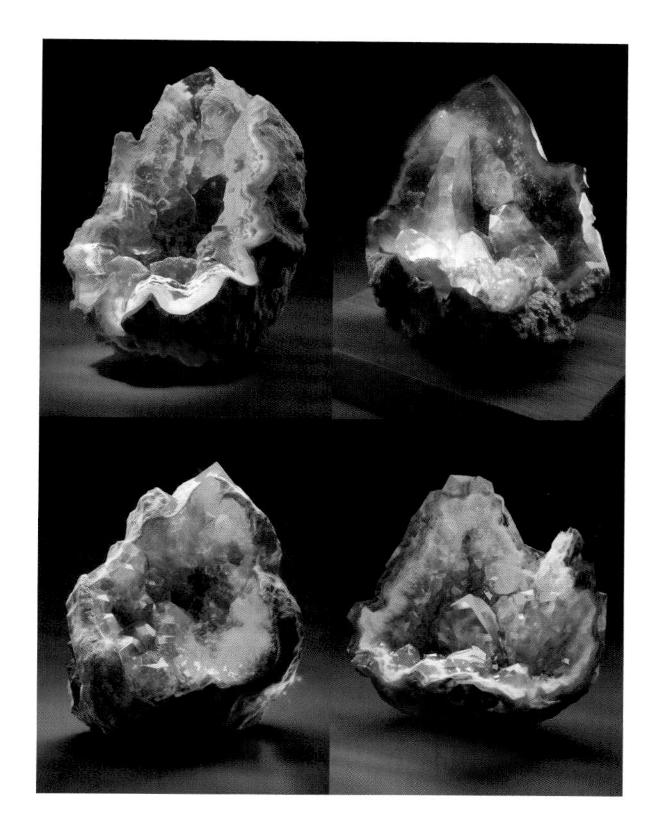

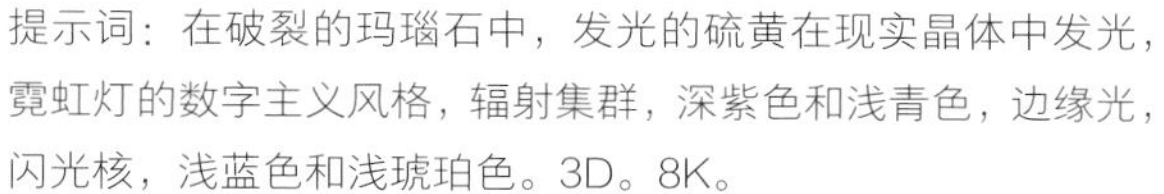

提示词：在破裂的玛瑙石中，发光的硫黄在现实晶体中发光，霓虹灯的数字主义风格，辐射集群，深紫色和浅青色，边缘光，闪光核，浅蓝色和浅琥珀色。3D。8K。

Prompt：Glowing sulphuric in realistic crystals in a cracked agate stone, in the style of neon-infused digitalism, radiant clusters, dark purple and light cyan, rim light, sparklecore, light blue and light amber. 3D. 8K. --ar 3:4 --q 2 --v 5

提示词：五彩缤纷的宇宙装在一个玻璃罐里，星云中有一艘船，看起来像加勒比海盗。超级逼真，超详细的，戏剧性的灯光，4K。

Prompt：The colorful entire universe contained inside a glass jar, there is a ship in the nebula that resembles the Pirates of the Caribbean. Super realistic, hyper detailed, dramatic lighting, 4K. --ar 6:9 --s 260 --v 5

3.2 生成绘画作品

传统绘画作品蕴含了艺术家的情感，承载着许多艺术语言，目前出现的所有 AI 工具，包括 Midjourney，暂时都无法取代绘画作品的地位。随着时代的发展，就算各种新的媒介，如摄影、电影、数字媒介层出不穷，传统艺术的地位也无法被撼动。Midjourney 可以模仿生成绘画作品，但那只是一个表象，油画的那种肌理感，肉眼可见的颜料堆积，松节油的“油香”；国画的那种自然的水墨晕染，流淌的效果，水墨的“墨香”；水彩画、装饰画、版画等传统绘画类型都有自己的特有属性。传统绘画属于可触摸、可闻嗅的现实，这些都是 AI 绘画无法达到也无法代替的。

除了一些高档或讲究的场合，大部分地方展示、悬挂的绘画作品其实都是印刷品，而这些印刷品就可以通过 AI 生成。

前面已经简单地生成过一些绘画作品，本节将针对不同的绘画类型进行介绍。

3.2.1 国画

国画有很多种，包括工笔、白描、写意等，其中按题裁又分为人物、山水等类别，在动手用 AI 生成国画之前，需要先确定要什么类型。例如，中国山水画按风格可分为青绿山水、金碧山水、水墨山水、浅绛山水、小青绿山水、没骨山水等，如果提示词只输入“中国画”，出来的效果十有八九都是水墨写意山水，水墨感是国画最主要的特征，AI 在算图时大概率会考虑这一点。

第 1 步：定位。笔者计划生成一幅青绿山水画。提示词为“一幅中国青绿山水画。山峦叠嶂，延续千里，山路蜿蜒，有亭台楼阁。水墨青绿山水画，中国风，路上有穿着中国古装的行人，有马，有松树。中国色：深蓝色、石蓝、石绿，细节非常多。刘松年画风，仇英画风。8K，超细节”。这里的中国色都是传统的国画用色，和其他的颜料名称有很大区别，颜色体现也是不同的。刘松年、仇英是国画名家。山水画大部分构图都采用竖画幅，这里笔者采用 1 ：2 的比例。英文提示词为“A Chinese cyan green landscape painting. The mountains layer on top of each other, lingering thousands of miles, the mountain road winding, there are pavilions. Cyan green landscape painting, Chinese style, there are pedestrians in ancient Chinese clothes on the road, there are horses, pine trees. Chinese color: ultramarine, stone blue, stone green, super detail. Liu Songnian painting style, Qiu Ying painting style. 8K, super detail. --ar 1:2 --q 2 --s 600”。

按 Enter 键确认后得到下面的两组图，是山水画，笔者想要的元素也都有了，但画面色调看上去不是很“青绿”。

第 2 步：优化提示词。以青绿色为主体色，把画家替换为以画山水画为主的画家，如南宋画家赵伯驹，清代画家袁江、袁耀等，让 AI 的计算方向再清晰一些。

加入的英文提示词是“The main color is Chinese slateblue and ultramarine, Zhao Boju's painting style, Yuan Jiang painting style, Yuan Yao painting style”。这次画面色调“青绿”了许多。

第 3 步：落款中的书法字没有几个是能辨认的，可以将它们去掉。使用“--no”参数，在提示词中添加“--no word”，生成图像的时候就不会出现文字了。颜色可以再加强一下青绿。最后的英文提示词为“A Chinese cyan green landscape painting, lingering thousands of miles, the mountains layer on top of each other, the content is grand, there are many mountains and water, the main color is Chinese slateblue, sapphire, slateblue and sapphire, the mountain road winding, there are pavilions. Cyan green landscape painting, Chinese style, there are pedestrians in ancient Chinese clothes on the road, there are horses. Chinese color: slateblue, sapphire, ultramarine, stone blue, stone green, bean green, turquoise blue, ethereal. Zhao Boju's painting style .Yuan Jiang painting style, Yuan Yao painting style. 8K, super detail. ultra detail. --ar 1:2 --q 2 --s 600 --no word --v 5”。

从提示词中可以看出，笔者使用了两次“slateblue”和“sapphire”，并且国画色和一般的颜色名称是不一样的，石蓝英文直译为 stone blue，但这不是中国色中的石蓝，正确的应该是 slateblue，所以只有使用正确的颜色英文，才能得到想要的效果。有网友专门整理了国画色的英文名称，有需要的读者可以自行查阅。

最后得到以下图像，这是笔者挑出的几张，虽然笔者使用了“--no word”参数，但还是有一些图上有落款出现，可能 AI 不能完全区分哪些是落款文字，哪些是画面。

选择其中最好的两张，单击放大图片，效果如下图所示。结合了大师的风格后，这类用 AI 生成的国画已经好过电商平台上的大部分国画印刷品。

在 Midjourney 中，只要输入的关键词准确，工笔、白描等非常细腻的国画手法都可以体现出来。如果需要引用某位画家的风格，这位画家必须非常出名，网络上有大量他的画作展示，这样 AI 才能获得大量有效数据并进行计算。

3.2.2 油画

油画可以分为非常多的派系，包括印象派、抽象派、野兽派、写实派、古典主义、现实主义、表现主义、超现实主义、立体主义、极简主义、波普主义、超写实主义等。当然，对于站在无数巨人肩上的 Midjourney 来说，这些风格都是可以驾驭的。

本小节使用的工具是 Midjourney 和 ChatGPT。

第 1 步：定位。本案例画一幅现实主义的人物画。提示词为“一幅女性半身油画，这位女性 30 岁，非常漂亮，穿着一身白色的连衣裙，坐在一张白色的圆桌旁，桌子上放着水果和鲜花，周围是一个开满鲜花的花园。康斯坦丁・拉祖莫夫风格”。这里借鉴的画家是俄罗斯的康斯坦丁・拉祖莫夫，他的画作用笔酣畅淋漓，色彩明快，人物形象活灵活现。并且他最擅长画女性。英文提示词为“An oil painting of a bust of a woman, 30 years old, very beautiful, wearing a white dress, sitting at a white round table with fruit and flowers on the table, surrounded by a garden full of flowers. Konstantin Razumov style. --ar 2:3 --q 2 --s 200 --v 5”。

生成的效果如下图所示。可以看到笔者描述的关键词都体现了出来，但感觉太严肃、太古典了。

第 2 步：优化提示词。由于笔者缺乏对女性的细致观察，因此在描述与女性外貌相关的特征时，往往就会词穷。笔者赶紧请教 ChatGPT，让它对画中的女性外貌进行一番描述。具体描述如下页图所示。笔者对生成的描述进行了精简，去掉了蕾丝遮阳帽等内容，因为笔者之前生成过一次，出来的都是草帽；对第 1 步中的关键词也做了精简，去掉了白色的圆桌，之后和其他的关键词结合到一起。英文提示词为“An oil painting of a bust girl, 26 years old, very beautiful, as she sat in the garden, the garden is beautiful too. There are many flowers. she wearing a light blue dress. The medium-length dress flowed smoothly over her graceful figure, revealing her curves. The color of the dress was a refreshing light blue, perfectly blending in with the garden environment. The dress had an elegant V—shaped neckline, extending from the chest to the shoulders, showcasing her charming collarbone. The garden full of flowers surrounded her. Konstantin Razumov style. ——ar 2:3 ——q 2 ——s 200"。

花园里坐着一位漂亮的姑娘，她戴着一顶蕾丝遮阳帽，穿着一身浅蓝色的连衣裙，请用200字，详细描述她的服装特点。

那位漂亮的姑娘坐在花园里，她戴着一顶蕾丝遮阳帽，穿着一条浅蓝色的连衣裙。这条裙子是一件中等长度的裙子，从颈部延伸到膝盖，流畅地贴着她优美的身材，透露出她柔美的曲线。裙子的颜色是淡蓝色的，非常清新，完美地融入了花园的环境。

连衣裙的领口是一种优雅的V形设计，从胸部延伸到肩部，展示出她的迷人锁骨。裙子的肩带非常薄，搭在她的肩上，透露出她白皙的肌肤。在裙子的胸前，有一条细细的腰带，勾勒出她的纤细腰部线条，为裙子增添了些许亮点。

连衣裙的下摆是一片宽大的褶皱，展现出她的优美曲线。裙子的材质非常柔软，随着微风轻轻飘动，让她看起来更加优雅。她戴着一顶白色的蕾丝遮阳帽，帽檐上点缀着一些细小的花朵，非常漂亮。整个装扮的风格清新、淡雅，非常适合在花园中漫步。

这件连衣裙的设计精致、优美，非常适合这位姑娘的气质和外表。它展现了她的纤细和柔美，让她看起来更加迷人动人。

The beautiful girl sat in the garden wearing a lace sun hat and a light blue dress. The medium-length dress flowed smoothly over her graceful figure, revealing her curves. The color of the dress was a refreshing light blue, perfectly blending in with the garden environment. The dress had an elegant V-shaped neckline, extending from the chest to the shoulders, showcasing her charming collarbone. The dress's thin shoulder straps rested gently on her shoulders, revealing her fair skin. A thin waistband at the chest accentuated her slender waistline, adding a touch of shine to the dress. The dress's hemline was a large pleat, highlighting her beautiful curves. The dress's soft material gently fluttered with the breeze, making her look even more elegant. She wore a white lace sun hat with small flowers adorning the brim, adding to the beauty of the outfit. The overall style of the dress was fresh and elegant, perfectly suited for a leisurely walk in the garden. The dress's exquisite and delicate design complemented her grace and beauty, making her even more charming and alluring.

单击生成下图所示的图像，如果不进行特别标注，Midjourney默认生成的人物都长着一副欧美面孔。

笔者在提示词中添加了一个“Asian girls”，让Midjourney生成一个亚洲女孩，看一看效果。下图所示为生成的几张亚洲女孩油画，面貌的改变使得油画瞬间有了东方感。

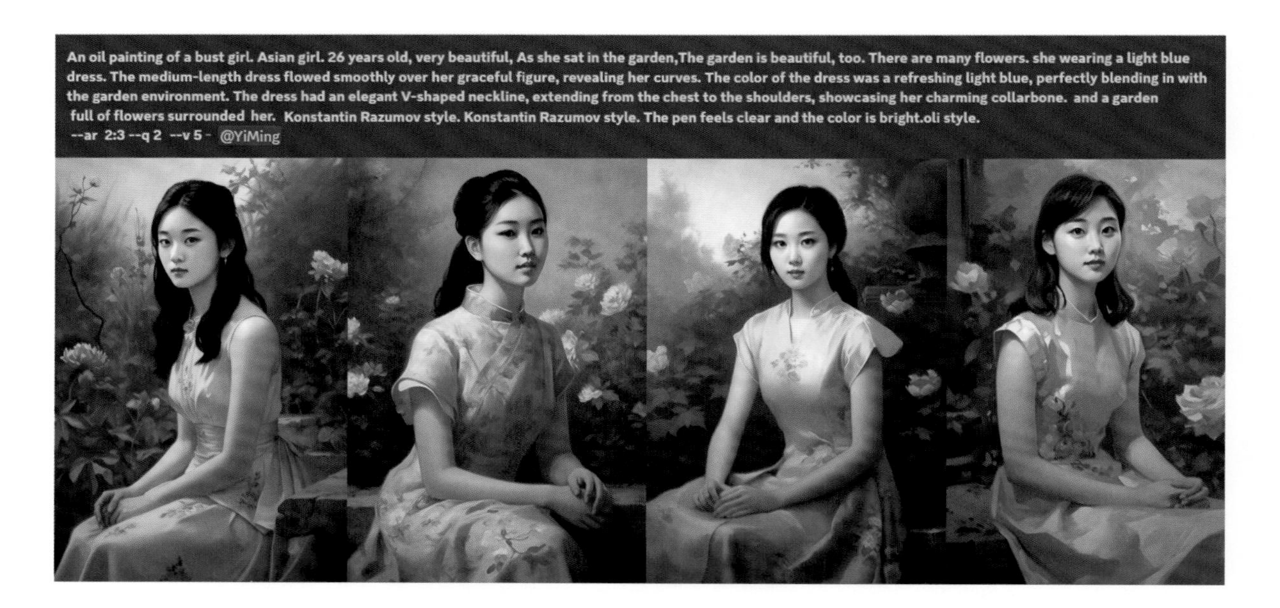

优化提示词后，画面效果已经好了很多，但画面风格不像是康斯坦丁·拉祖莫夫的，倒有点像威廉-阿道夫·布格罗（William-Adolphe Bouguereau）的唯美学院派风格，画面干净、唯美，没有笔痕。笔者决定继续进行调整。

第3步：继续调整提示词。康斯坦丁·拉祖莫夫的风格是笔触感明显，用色大胆，酣畅淋漓，非常痛快，如同激荡的进行曲，而不是舒缓的小夜曲。这次优化，一要强调康斯坦丁·拉祖莫夫风格（Konstantin Razumov style），二要突出他的用笔，笔触要明显（Obvious oil brush effect）。英文提示词为“An oil painting of a bust girl. Asian girl. 26 years old, :: Knee Shot(KS), very beautiful, she wearing a light blue dress. The dress had an elegant V-shaped neckline, revealing her curves. The girl wore her hair down. As she sat in a garden. There are many flowers. :: Sitting position shown above the knee. She sat at a white round table. She holding a pink flower gracefully. She looked at the flower in her hand. There were fruits and flowers on the table, and a garden full of flowers surrounded her. There were many lilies, and many roses of different colors. :: Konstantin Razumov style. :: Obvious oil brush effect. The pen feels clear and the color is bright, oil style. --ar 2:3 --q 2 --v 5”。如果仔细阅读上面的英文提示词，会发现这次多了一些“:: ”（双冒号），它的作用是强调。例如，“:: Knee Shot(KS)”是强调大半身显示。虽然大家看到的图像都呈现大半身，但笔者在生成图像的过程中看到的很多都只有上半身。

最终得到的效果如下图所示。这才是康斯坦丁·拉祖莫夫的风格。和之前的图像对比，会发现区别很大。

放大其中的两张图，看一看细节。用笔毫不拘束，收放自如；能看到堆积的油画颜料，有些地方甚至像是使用油画刮刀直接绘制出来的。应该说整体效果是非常不错的。

对于 AI 来说，生成人物始终是有难度的，人物油画都能生成，自然风景类的油画就不在话下了。

3.2.3 插画

插画的种类、风格有很多，绘制手法有传统手绘，也有数字绘制。前面生成了一组人物油画，这里换一换题裁，画一些唯美的场景插画。

第 1 步： 定位。提示词为“一张插画，插画内容是一座美丽的现代房子，漂亮的灯光，吉卜力工作室风格，超现实”。经常看动画片的读者应该对吉卜力工作室（宫崎骏的工作室）不陌生，他们创作了很多优秀的动画作品，画面都非常温馨。英文提示词为“An illustration of a beautiful modern house, beautiful lighting. Studio Ghibli style, surreal. --q 2 --s 300 --v 5”。这张图的画幅比例用的是默认的正方形比例。

生成的画面如下图所示。感觉是有了，但灯光看上去太暗，并且有一些死黑的地方显得不那么温馨，需要提升画面氛围。

第 2 步：优化灯光，提升画面。笔者添加了一些内容，新的提示词为“一张插画，插画内容是一座美丽的现代房子，漂亮的灯光，轻松的气氛，五颜六色的灯光，柔和的色彩，超清晰，快乐，幸福，闪光，美丽的造型，吉卜力工作室风格，超现实，超级复杂的细节，完美的细节，疯狂的细节”。英文提示词为“An illustration of a modern house, beautiful lighting, relaxed atmosphere, colorful lighting, soft colors, super clear, happy, happy, flash, beautiful modeling, Studio Ghibli style, surreal, super complex details, perfect details, crazy details. --q 2 --s 300 --v 5”。优化后的图像如下图所示。可以看到画面中充满了快乐和温馨感。

左图所示为其中比较好的两张图。

大家是否觉得生成的图像过于偏向宫崎骏动画风格，不像是插画？下面生成一些偏商业方向的插画。

如何调整呢？风格的切换，最主要的就是风格核心词的改变，包括艺术家名称、公司名称、绘画风格等。在之前生成图像所用关键词的基础上，笔者只是把“吉卜力工作室风格”（Studio Ghibli style）换成了“平面插画风格”（flat illustration style），画面就变成了截然不同的另外一种画风，如右图所示。

如果大家觉得还是太复杂，可以继续精简，把“平面插画风格”（flat illustration style）替换为“极简风格”（minimalism style），然后去掉所有与细节有关的描述，将背景改为白色。简化后的英文提示词为“Beautiful flat illustration of a modern house, surreal.super clear. minimalism style. Flat color illustration style. White background. --q 2 --v 5”。

右图所示为经过极简处理的图像。大家经常可以在商业 MG（Motion Graphics）动画中和 UI 界面上看到这类风格的插画。如果还要简化，方式相同，继续做减法即可。可以去掉阴影、树木等房子造型外的所有元素。笔者就不再做演示，大家可以自己尝试。这种调整方式也完全适用于人物插画。

3.2.4 绘画作品和提示词展示

提示词：一位中国武士，中国水墨画风格，笔法明显的墨水，飞溅，黑白。款式简约，全身。极简。

Prompt: A Chinese warrior, Chinese ink painting style, brushwork obvious ink, splash, black and white. Simple style, full body. Extreme simplicity. --niji 5 --style expressive

提示词：一位老爷爷在一群动物中间，周围是植物，Diana Stovanova 风格，极简主义风格，扁平风格。

Prompt: An old grandpa in the middle of a bunch of animals surrounded by plants, Diana Stoyanova style, minimalist, flat style. --ar 2:3 --niji 5 --style cute

提示词：中国山水画，色彩缤纷，细节超级复杂，细节完美，细节疯狂，32K。

Prompt: Chinese landscape painting, colorful, super complex details, perfect details, crazy details, 32K. --ar 1:2 --v 5.1

提示词：长着长发的美丽的年轻女孩穿着汉服和神奇的狐狸，神秘的，故事书中的插画，动态，电影，水彩风格，超详细的，黑暗的童话，错综复杂的细节，宫崎骏和押井守的风格。

Prompt: Beautiful young girl with long hair in Hanfu and magic fox, mystic, storybook illustration, action, cinematic, watercolor style, ultra detailed, dark fairy tale, intricate detail, in the style of Hayao Miyazaki, Mamoru Oshii --ar 1:2 --v 5.1

提示词：古斯塔夫·克里姆特的风格，一位微笑的母亲将她微笑的小女孩抱在怀里，非常细致。

Prompt: In the style of Gustav Klimt, A smiling mother holds her smiling little girl in her arms, ultra detailed. --ar 1080:1920 --q 2 --v 5.1

3.3 生成摄影作品

Midjourney 生成图像时为了模拟真实效果，基本都带了景深和虚焦等效果。但要想得到更专业的摄影作品，就不能只局限在 Midjourney 自动生成的效果上。在内容和参数设置方面有更高级的方法，例如，利用真实的摄影技术、对单反相机进行设置等。

在 2023 年度索尼世界摄影大赛（SWPA）中，有一个获得创意类大奖的黑白肖像“摄影”作品——《虚假记忆：电工》，作者是一位摄影艺术家。在颁奖晚会上，他拒绝领奖，因为这幅“摄影”作品是由 AI 生成的。由此可见其逼真程度、“摄影”的专业程度有多高——可以经受住专业评委的审核。

以下是笔者整理的简单通用相机的设置：佳能 EOS R6，镜头 RF 85mm，光圈 F/5（光圈越大，景深越小；大光圈适用于微距拍摄，小光圈适用于风景拍摄），ISO200（ISO 数值增加，亮度增加；ISO 值不是越高越好，只在光线较暗的情况下使用），快门速度为 1/250s（拍摄运动的物体时，物体运动得越快，快门数值越大）。

3.3.1 高级人像

1 半身像

第 1 步：“拍摄”一张女孩照片。提示词为“一位美丽的中国女孩，25 岁，粉紫色长发，美丽的笑容，坐在咖啡馆里。她上身穿着一件米色开衫，里面是白色打底衫。正面，细致的脸，美丽的眼睛”。参数设置为“人像选择竖版构图，质量参数为 5，风格化参数为 300，V5 版本”。

英文提示词为“A beautiful and fashionable girl from China, 25 years old, long pink-purple hair, beautiful smile, sit in a cafe. She is wearing a beige cardigan over a white base. Front, detailed face, beautiful eyes negative. --ar 2:3 --q 5 --s 300 --v 5”。

上页图所示为没有加相机描述生成的效果，大家用手机应该都能拍出来。

第 2 步：添加相机描述提示词“使用佳能 EOS R6 无反光镜摄像头，搭配锋利且多功能的 RF 85mm 镜头。光圈为 F/2，ISO 200，快门速度为 1/500s。戏剧性构图。自然光，实景照片”。英文提示词为“Expertly captured using a Canon EOS R6 mirror less camera, paired with the sharp and versatile RF 85mm. An aperture of F/2, ISO 200 and a shutter speed of 1/500 sec. The composition benefits from the dramatic. Natural lighting, real photograph. --ar 2:3 --q 5 --s 300 --v 5”。

笔者从生成的 8 张照片中选取了 5 张，如右图所示，其细节丰富，质感逼真，景深、光感、层次都不错。是不是产生了一种高级感？

2 特写

上图效果尚可，但感觉缺乏一点艺术感，属于用单反相机拍摄的中规中矩的人像。笔者带领大家再试试人物特写。这次拍摄一张热血勇士照片。

对于一位古代蒙古族勇士的面部特写来说，画面比例可以偏方一点，用 4 ∶ 5 的画幅比例。提示词为“一位古代蒙古族勇士坚韧和生动的面部肖像，有着复杂的情感和决心。他的眼神坚强而复杂，他那饱经风霜的脸上流露出强烈的感情。使用佳能 EOS R6 相机，搭配 RF 85mm 镜头。光圈为 F/2，ISO150，快门速度为 1/300s。自然光，阴影明显”。

英文提示词为“A powerful and vividly realistic portrait of an ancient Mongols, his face contorted with raw emotion and determination. The intensity in his eyes and the intricate details of he weathered face. Expertly captured using a Canon EOS R6 camera, paired with the sharp and versatile RF 85mm. The camera settings have been meticulously chosen to emphasize the striking details and dynamic range of the scene, aperture of F/2, ISO 150 and a shutter speed of 1/300 sec. The composition benefits from the dramatic. Natural lighting, which casts bold shadows. --ar 4:5 --q 3 --s 300 --v 5”。

如下图所示，立刻生成了几位刚毅的血性汉子，脸上带着复杂的表情。看上去是不是很有质感？风格厚重，布光考究，看起来有点像《国家地理》杂志的摄影师拍摄出的作品。

3 全身

全身构图是大家平时最常用的拍摄方式，当人们站立时，最适合的画幅就是竖形画幅。在 Midjourney 中想显示全身，在提示词中一般要特别标注“full body”。

这次拍一张古代的中国姑娘照片。文字提示词为“一个美丽的中国女性，动态优雅，全身展示。穿着精致的刺绣汉服。蓝宝石色的中式服装，复杂的发型，飘逸的长袖，衣服的材质是丝绸和缎子，很多细节。背景是绿色的中国山水。戏剧性的照明，电影照明，高度详细的背景”。相机描述提示词为“佳能 EOS R6，镜头 RF 85mm，光圈 F/6， ISO 700，快门速度为 1/300s”。参数设置为“宽高比为 1 ： 2，质量参数为 4，风格化参数为 300，V5 版本”。

英文提示词为“A beautiful Chinese woman, dynamic elegance, full body display. Wearing exquisite embroidery Hanfu. Chinese clothes in sapphire color, complicated hairstyle, flowing long sleeves, clothing material is silk and satin, a lot of details. Background is a green Chinese landscape. Dramatic lighting, cinematic lighting, highly-detailed backgrounds. Expertly captured using a Canon EOS R6 camera, paired with the sharp and versatile RF 85mm. The camera settings have been meticulously chosen to emphasize the striking details and dynamic range of the scene, aperture of F/6, ISO 700 and a shutter speed of 1/300 sec. --ar 1:2 --q 4 --s 300 --v 5”。

生成的效果如上图所示。上图有一种影视剧的剧照感，这些古装并非传统的古代汉服，而是结合了现代剪裁的设计，尤其是右侧大图中的衣领，非常有特点。等大家学会了造型替换，就可以自己制作古风婚纱照了。上图是直接生成的效果，没有经过任何精修，调整后的图像会更出彩。

3.1.3 小节讲解过一个简单的 T 恤设计案例，大家看到这里就会明白，其实很多服装都可以用不同的关键词来生成，并且生成的效果非常专业。

3.3.2 高级风景

风景摄影包括自然风光摄影和建筑摄影。Midjourney 生成风景图片相对于生成人物图片来说会简单许多，人物的布光、颜色搭配、神态动作等都会直接影响最终画面的效果，因为人是大家最熟悉的，因此稍有偏差就会暴露不足。而风景由大量的元素构成，Midjourney 生成时不容易出现差错。

在风景摄影中，相机设置和人物摄影中的设置大体是相似的，只是会多一个广角镜头的应用。广角镜头视角大，视野宽，拍摄同一物体时，使用广角镜头要比一般镜头拍摄的范围更广，景深更长，可以表现出相当大的清晰范围，有效强调画面的透视效果，非常适合用来拍摄大场景。

在本案例中，笔者带大家生成一个视觉奇观。提示词为“从高处往下看海，在海的中间，水里有许多巨大的雕像，这些雕像非常非常大，有几百米高。他们的上半身露出水面，这些雕像就像复活节岛上的摩埃石像，它们都面朝东方，雕像下面有一些非常小的船。阳光天气效果”。相机设置为“佳能 EOS R6，镜头用超广角镜头 18mm，光圈为 F/7，晴天 ISO 可以设置为 200，快门速度为 1/100s。细节需要很多，要写实。广角镜头搭配 3 ∶ 1 的超宽画幅可以产生电影画面的效果”。

英文提示词为“Looking down at the sea from a great height, in the middle of the sea, there were many huge statues in the water, the statues are very very large, hundreds of meters high. Their upper body is out of the water, and the statues are like the Moai of Easter Island, and they're all facing east, and underneath the statues are some very small ships. A sunny effect with the sun. Expertly captured using a Canon EOS R6 camera, ultra wide angle lens 18mm. The camera settings have been meticulously chosen to emphasize the striking details and dynamic range of the scene, aperture of F/7, ISO 200 and a shutter speed of 1/100 sec. Surreal, super complex details, perfect details, crazy details. --ar 3:1 --q 4 --s 300”。

生成效果如上页图所示。可以看到有非常明显的广角透视拉伸效果和足够的视野宽度，这烘托出了场景的肃穆效果。如果现实中想拍摄这样的大场景，除非将镜头拉得足够远，不然这些雕像根本拍不完整。

下面是其中的一张大图，场景布局非常有仪式感。如果使用传统的 CG 制作方式进行制作，建模、制作特效、渲染、合成需要几周的时间。

笔者调整了镜头，把广角镜头换成了普通 90mm 镜头（lens 90mm），其他的参数设置不变，效果如下图所示。可以看到物体的呈现方式发生了非常大的变化，巨大的雕像成了零零散散琐碎的点缀。

中景、近景风景摄影与生成人物照片的方式类似，这里就不多做介绍了，大家可以自己尝试一下。

3.3.3 高级静物

冰冷的物品没有什么好展示的，本小节就为大家献上一些美食，一起解解馋吧。

1 甜品

甜品应该怎么形容呢？还是请教一下ChatGPT吧。笔者让它设计一款甜品，下图所示为笔者和它的问答内容。

ChatGPT为甜品起了一个好听的名字：蜜糖泡芙，听起来就很甜。外观提示词ChatGPT已经提供了，但笔者还想“请”一位甜品大师为它把把关，这位大师就是来自法国的皮埃尔·埃尔梅（Pierre Hermé），他被称为“甜品界的毕加索”，是一位甜品天才。相机参数用拍摄人物特写时的参数即可。细节方面越细致越好，笔者想看看ChatGPT+Midjourney生成的效果能否让人惊艳到流口水。

W 设计一款美味的甜品，详细描述它的外貌

我设计的这款甜品名为"蜜糖泡芙"，是一款传统法式泡芙的变体。它外观金黄色，长约5厘米，直径约3厘米。以下是对它外貌的详细描述：

1. 外形：整体呈现为一个完美的球形，由两层外皮和一层充满奶油和香草口味的馅料组成。上层外皮带有一定的凹陷，使得整个泡芙看起来更加迷人。
2. 外皮：泡芙外皮由一层酥脆的面团制成，外层披上一层金黄色糖霜，使其更加诱人。糖霜的颜色和味道都能提升甜品的质感和味道。
3. 馅料：泡芙内部充满了柔软的奶油和香草口味的馅料。这种馅料能够为整个甜品提供一个丰富的口感和香气，同时也能让甜品更加美味。
4. 装饰：在泡芙的顶部撒上一层白色的蜜糖，让整个甜品看起来更加诱人。同时在泡芙的底部涂上一层巧克力酱，让整个甜品的口感更加复杂。

这款"蜜糖泡芙"不仅外形精致，而且口感丰富，能够给人们带来独特的美味体验。

英文提示词为“The dessert, called Honey Puff, is a variation on traditional French puff. It has a golden yellow appearance and is about 5 centimeters long and 3 centimeters in diameter. Here's a detailed description of its appearance: Appearance: The whole is presented as a perfect sphere, consisting of two layers of crust and a filling filled with cream and vanilla flavors. The upper crust has a certain depression, which makes the whole puff look more attractive. Crust: The puff's crust is made from a crispy dough and coated with golden frosting to make it even more attractive. The color and flavor of the frosting can enhance the texture and flavor of the dessert. Filling: The inside of the puff is filled with a soft cream and vanilla flavoured filling. This filling provides a rich texture and aroma to the whole dessert, while also making the dessert more delicious. Garnish: Sprinkle the top of the puff with a layer of white honey to make the dessert look more inviting. At the same time, spread a layer of chocolate sauce on the bottom of the puff to make the whole dessert taste more complex. This Honey Puff is not only delicate in appearance, but also rich in taste, which can bring people a unique delicious experience. Expertly captured using a Canon EOS R6 mirror less camera, paired with the sharp and versatile RF 85mm. An aperture of F/2, ISO 200 and a shutter speed of 1/200 sec. Pierre Hermé style. Surreal, super complex details, perfect details, crazy details. --ar 2:3 --q 4 --s 300"。

按 Enter 键确认，生成图片。哇，颗粒可见的糖霜，丝丝流淌的蜂蜜……看到这画面，连笔者都忍不住咽了咽口水。

2 大餐

笔者让 ChatGPT 设计了一道名叫“龙腾四海”的中餐，这道餐的特征描述如下图所示。

根据"龙腾四海"这个名字设计一道中餐，要色香味俱全，只描述外观。之后翻译

设计一道名为"龙腾四海"的中餐，外观色香味俱全。这道菜采用鲍鱼、海参、虾仁和墨鱼等海鲜作为主要食材，配以色彩鲜艳的蔬菜和配料。整道菜肴摆盘造型如一只巨龙，龙头由鲍鱼和海参切片组成，龙身由墨鱼切片和虾仁拼接而成，造型逼真，栩栩如生。龙身蜿蜒盘旋，随意排列着彩色的蔬菜和海鲜，犹如四海之中的瑰宝。每个食材都经过巧妙的加工处理，保留了其原本的鲜美和质感，让人口感丰富，满足多样化的味觉需求。整个菜品色泽鲜艳，令人垂涎欲滴。

Design a Chinese dish named "龙腾四海" that is visually appealing and flavorful. This dish features a combination of seafood such as abalone, sea cucumber, shrimp, and cuttlefish, along with colorful vegetables and garnishes. The dish is presented in the shape of a dragon with sliced abalone and sea cucumber forming the head, while the body is made up of sliced cuttlefish and shrimp, arranged in a lifelike manner. The dragon's body curves and twists, with colorful vegetables and seafood arranged in a seemingly random fashion, representing the treasures of the four seas. Each ingredient is expertly prepared to retain its natural flavor and texture, creating a complex and satisfying taste experience. The dish's vibrant colors are visually appealing and highly appetizing.

英文提示词为“Design a Chinese dish that is visually appealing and flavorful. This dish features a combination of seafood such as abalone, sea cucumber, shrimp, and cuttlefish, along with colorful vegetables and garnishes. The dish is presented in the shape of a dragon with sliced abalone and sea cucumber forming the head, while the body is made up of sliced cuttlefish and shrimp, arranged in a lifelike manner. The dragon's body curves and twists, with colorful vegetables and seafood arranged in a seemingly random fashion, representing the treasures of the four seas. Each ingredient is expertly prepared to retain its natural flavor and texture, creating a complex and satisfying taste experience. The dish's vibrant colors are visually appealing and highly appetizing. Expertly captured using a Canon EOS R6 mirror less camera, paired with the sharp and versatile RF 85mm. An aperture of F/2, ISO 200 and a shutter speed of 1/200 sec. Surreal, super complex details, perfect details, crazy details. --q 4 --s 300 --v 5”。

生成效果如下页图所示。虽然没有第一道甜品有诱惑力，但也是一道“硬菜”。龙没见着，但蔬菜的雕花很有中国特色。

静物的生成方式比菜肴的设计生成更加简单，只需要输入静物的描述词，再添加相机设置和参数设置即可。

3.3.4 高级剧照

剧照是表现戏剧或影视剧场面的照片。拍摄影视剧时会有专门的摄影师或者剧照师拍摄剧照，它是集场景、人物、道具等于一体的一种呈现方式。

本小节会使用 Midjourney V5 和 V5.1（RAW Mode）教大家生成剧照。

1 使用 Midjourney V5

第 1 步： 定位。笔者打算生成一张科幻片的剧照。电影的常规画面比例是 16 ∶ 9，超宽荧幕的比例是 2.35 ∶ 1，这里用常规的 16 ∶ 9。提示词为“2030 年的科幻电影剧照，中等全镜头，3 人特写，3 名宇航员打开了一个奇怪的神器，蓝紫色调，大气的灯光，戏剧性的光影对比。有飞船的 UI 和 UX 屏幕，线索，探索，令人紧张的气氛。使用佳能 EOS R6 相机，搭配 RF 85mm 镜头。光圈 F/6, ISO 700，快门速度为 1/300s”。

英文提示词为“2030s sci-fi film still, medium full shot, three-man close-up. 3 astronauts opening a strange artifact, blue and purple tones, atmospheric lighting, dramatic light and shadow contrast, screens with spaceship ui/ux, clues, discover, suspenseful. Expertly captured using a Canon EOS R6 camera, paired with the sharp and versatile RF 85mm. Aperture of F/6, ISO 700 and a shutter speed of 1/300 sec. --ar 16:9 --s 800 --v 5 --q 3”。提示词中的“close-up”在生成摄影图像时用得比较多，意思是特写镜头。

MJ V5 版本的生成效果如下图所示。气氛表现出来了，对词汇的理解也很到位。唯一的欠缺是图中有些宇航员的头盔造型看起来像摩托车头盔。

第 2 步：为图片命名。上页图中右上角的那张图看起来不错，人物的动作和表情都很入戏。如果这是一部探索类的科幻片，起一个什么片名比较好呢？笔者向 ChatGPT 请教这个问题，得到的回复如下图所示。这些片名看起来都不错，考虑到他们打开的物品充满了未知感，就选择《未知星系》这个名字吧，毕竟人类永远在探索未知的路上。

W 一部探索类的科幻片，人类宇航员发现了一个外星物品，不知道打开会遇到什么情况。请为这部影片起一个醒目又贴切的名称。

以下是几个可能的名称：

1. 未知探秘 (Unknown Expedition)
2. 禁忌之门 (Forbidden Gateway)
3. 陌生星球之谜 (Mystery of the Alien Planet)
4. 宇宙遗产 (Cosmic Legacy)
5. 星际异物 (Interstellar Anomaly)
6. 谜样信号 (Enigmatic Signal)
7. 未知星系 (Unknown Galaxy)
8. 外星起源 (Alien Genesis)
9. 超空间之门 (Portal to Hyperspace)
10. 黑暗物质 (Dark Matter)

第 3 步：处理图片。在 Photoshop 中为图片添加片名，稍做划痕处理，效果如下图所示。大家看到这张剧照之后，对这部影片是不是充满了期待呢？

❷ 使用 Midjourney V5.1（RAW Mode）

第 1 步：用 V 5.1 版本生成图片。提示词和前面的基本相同，只把参数中的“--v 5”改为“ --style raw --v 5.1”即可。或者直接使用“/setting”指令在设置面板中把版本调整为 V5.1，之后单击 RAW Mode 按钮。生成的图像（部分）如下图所示。与 V5 版本相比，V5.1 的 RAW Mode 模式生成的剧照颜色更加鲜艳、丰富。

第 2 步：处理图片。笔者选择了其中比较好的一张图片，单击放大后在 Photoshop 中为其添加片名，效果如右图所示。

V5.1 的 RAW Mode 模式在处理单个对象时稳定性不太好，但在生成剧照方面效果还是比 V5 要好一点。许多新手用户面对 Midjourney，就如同这 3 位宇航员面对未知物品，内心既激动又好奇。Midjourney 能帮助用户发现新的事物，掌握新的技能。

3.3.5 摄影作品和提示词展示

提示词：一条中国古老的街道上，有很多穿汉服的人。漂亮的年轻姑娘。许多男人和女人都在购物。使用佳能 EOS R6 相机，配合锐利而多功能的 RF 85mm 镜头进行专业拍摄。光圈为 F/6，ISO 700，快门速度为 1/300s。

Prompt: An ancient Chinese street, there are many people in Hanfu. Beautiful young girl. Many men and women are shopping. Expertly captured using a Canon EOS R6 camera, paired with the sharp and versatile RF 85mm. Aperture of F/6, ISO 700 and a shutter speed of 1/300 sec. --ar 2:1 --q 3 --s 300 --v 5

提示词：一个美丽的中国女孩穿着粉红色的礼服在玫瑰园，精致的服装细节，可爱和梦幻，复杂的细节。充满活力的颜色。8K。专业的色彩分级。晶莹剔透的感觉。软阴影。清晰锐利的焦点。高端修整。获奖摄影作品。广告摄影。高质量。高分辨率。使用佳能 EOS R6 无反光镜相机，配合锐利而多功能的 RF 85mm 镜头拍摄。光圈为 F/2, ISO 200，快门速度为 1/500s。自然光，真实照片。

Prompt: A beautiful Chinese girl in a pink gown posing on the rose garden, exquisite clothing detail, cute and dreamy, intricate details. Vibrant colors. 8K. Professional color grading. Crystal clear feel. Soft shadows. Clean sharp focus. High-end retouching. Award winning photography. Advertising photography. High Quality. High resolution. Expertly captured using a Canon EOS R6 mirror less camera, paired with the sharp and versatile RF 85mm. An aperture of F/2, ISO 200 and a shutter speed of 1/500 sec. Natural lighting, real photograph. --ar 2:3 --s 1000 --c 12 --q 2 --v 5.1

提示词：老虎战士。全身正面视角，右手拿着长手杖，披着棕色斗篷，脖子上戴着银质装饰，站在一块岩石上，非常细致，佳能 EOS R3, 50mm, 8K，超高清。

Prompt: Tiger warrior. full front body view, holding a long walking stick in right hand, wearing a brown cloak, wearing a silver medallion around neck, standing on a rock, highly detailed, Canon EOS R3, 50mm, 8K, ultra HD. --ar 2:3 --s 230 --v 5

提示词：一只愤怒的老虎从岩石上往下看，老虎身上有一些污渍。26mm 镜头。老虎面朝向我，蛙眼视角。使用佳能 EOS R6 相机，配合锐利相机，熟练捕捉。光圈为 F/2, ISO 150，快门速度为 1/300s。构图具有戏剧性。自然光，投射出明显的阴影，极致的细节。真实的照片。

Prompt: An angry tiger looking down from a rock onto his territory, there was more stains on the tiger. 26mm lens, facing towards me, frog perspective. Expertly captured using a Canon EOS R6 camera, paired with the sharp. Aperture of F/2, ISO 150 and a shutter speed of 1/300 sec. The composition benefits from the dramatic. Natural lighting, which casts bold shadows. Extreme detail. Real photograph. --ar 4:5 --q 3 --s 900 --v 5.1

提示词：电影剧照。800 万年前，一群原始人挤在一起，正在一起拍集体自拍。他们在一个露天的山洞里。他们穿着兽皮。每个人都对着镜头微笑。他们很高兴。这张照片逼真，光线自然，是一位老原始人用前置手机自拍相机拍摄的。非常详细，超级逼真。超级详细。

Prompt: Film still. Eight million years ago, a group of primitive people are huddled together and is taking a group selfie picture together. They are in an open cave. They were dressed in animal skins. Everyone smiling directly at the camera. They are very happy. The image is photorealistic, has natural lighting, and is taken with a front-facing phone selfie camera by one of the old primitive man. Highly detailed. Super realistic. Super detailed. --ar 3:2 --no phone --q 4 --style raw

提示词：电影剧照，水下摄影，两个穿着潜水服的女子，和很多的粉红色大水母一起玩，她们穿着潜水服，光影对比强烈。她们很高兴。使用佳能 EOS R6 相机，配合锐利而多功能的 RF 85mm 相机进行专业拍摄。光圈 F/6, ISO 700，快门速度为 1/300s。

Prompt: Film stills, underwater photography, two women in wetsuits, playing with lots of big pink jellyfish, they were wearing wetsuits, dramatic contrast of light and shadow. They are very happy. Expertly captured using a Canon EOS R6 camera, paired with the sharp and versatile RF 85mm. Aperture of F/6, ISO 700 and a shutter speed of 1/300 sec. --ar 16:9 --s 800 --q 3 --style raw

提示词：Lambda 级 T-4a 航天飞机飘浮在太空中的恒星基地上，获奖照片，佳能 EOS R5, 50mm, 8K，超高清。极致的细节，锐化的细节，电影制作，逼真的，现代构图。

Prompt: Lambda-Class T-4a Shuttle floating over star base in space, award winning photo, Canon EOS R5, 50mm, 8K, ultra HD, incredibly detailed, sharpen details, cinematic production, photorealistic, modern composition. --ar 16:9 --s 750 --q 2 --style raw

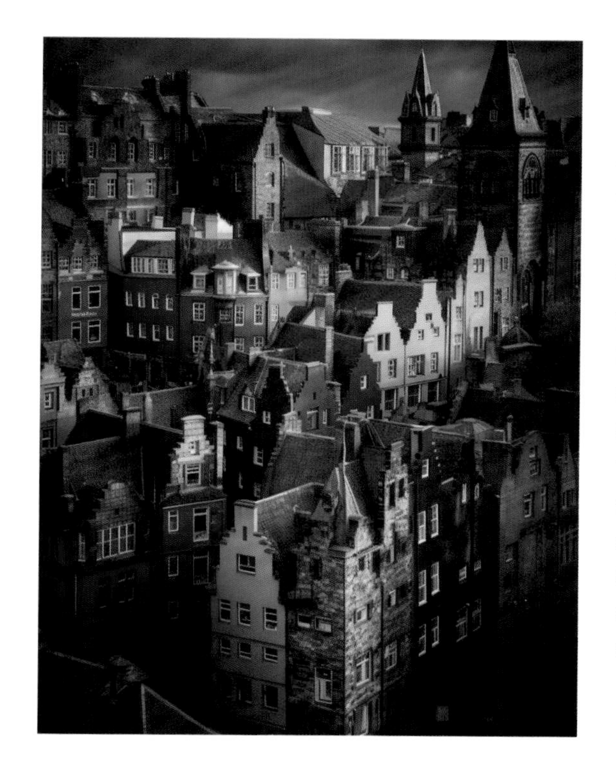

提示词：分形色彩的城市，迷人的构图，爱丁堡，超现实的电影。疯狂的细节和复杂程度。使用佳能 EOS R6 相机，超广角镜头 18mm 专业捕捉。相机设置经过精心选择，以强调引人注目的细节和场景的动态范围，光圈为 F/7, ISO 200 快门速度为 1/100s。超现实，超级复杂的细节，完美的细节，疯狂的细节，摄影。

Prompt: Fractal color city, charming composition, Edinburgh, surreal cinematic. Insanely detailed and intricate. Expertly captured using a Canon EOS R6 camera, ultra wide angle lens 18mm. The camera settings have been meticulously chosen to emphasize the striking details and dynamic range of the scene, aperture of F/7, ISO 200 and a shutter speed of 1/100 sec. Surreal, super complex details, perfect details, crazy details, photography. --ar 2:3 --v 5 --q 2

附录

变现方式

现在很多人面对AI非常焦虑，但光焦虑是没有用的，要把AI工具最大限度地利用起来。

学完这本书，相信大家已经可以熟练使用Midjourney生成图像了。但学习使用Midjourney不是为了做几张图取悦自己，笔者一直强调学以致用，结合实际，把Midjourney应用到现实中，以降本增效，这才是学习使用Midjourney的目的。

经过第03章的学习，大家已经知道Midjourney图像生成技术在各个领域都有着广泛的应用，笔者只是蜻蜓点水般介绍了一下Midjourney在几个领域的具体应用，虽然很多领域都没有涉及，但使用方法是大同小异的，大家可以举一反三，结合自己的行业和工作特点，把Midjourney的功能发挥到极致。以下是笔者总结的一些落地场景和方式。

（1）游戏开发：生成逼真的游戏角色和场景，以提升游戏品质和用户体验。适用对象：游戏公司等。

（2）影视开发：设计电影、电视剧、广告中的角色、场景，以提高效率。适用对象：影视开发公司、前期设计公司、后期制作公司、衍生品开发公司等。

（3）造型开发：辅助IP开发人员、原型师、手办师等进行造型设计。适用对象：IP开发公司、手办制作公司等。

（4）建筑装修设计：生成逼真的建筑外观及室内场景（如客厅、卧室、厨房等），以提高建筑和装修方案的生成效率。适用对象：乐园开发公司、建筑设计公司、装修公司等。

（5）电商及UI设计：生成各种UI界面、图标、虚拟模特展示图、产品宣传页等，以提升购买体验。适用对象：App开发公司，淘宝、京东等电商。

（6）广告包装设计：为企业生成广告海报、宣传页、产品包装，制作广告素材，快速生成视觉效果良好的广告图像。适用对象：广告设计公司、包装设计公司、营销推广公司等。

（7）装饰品设计：生成绘画作品、艺术雕塑等装饰品，帮助店铺生产装饰画内容，或帮助厂家设计装饰品造型。适用对象：装饰品公司、装饰品厂商等。

（8）时尚设计：辅助设计师制作时尚服装和配饰。适用对象：服装公司、首饰公司、鞋帽公司等。

（9）家具及灯具设计：生成各种造型的家具和灯具。适用对象：家具制造厂商、灯具制造商等。

（10）工业产品设计：辅助工业产品设计师进行各种产品的设计，为设计师提供创意和灵感，以提高设计效率。适用对象：汽车制造商、智能机器人制造公司、各种电器制造商等。

此外，Midjourney 还可以应用到图书插画设计、虚拟造型定制、运营设计等领域。可以说 Midjourney 的应用范围非常广泛，基本上与视觉图形图像相关的领域，它都可以应用。

结语

笔者在前言中说："许多新事物的产生都会在社会上引发巨大的波动。人们对它们最初会感到好奇、兴奋，之后会感到恐惧，最后会进行深入思考和积极探索。"Midjourney 已经引起了设计行业的焦虑，但 Midjourney 只是一个生成图像的工具，当真正掌握了 Midjourney 之后，人们就会知道哪些是它可以做到的，哪些是它做不到的，以及该如何使用它。

Midjourney 目前在国内尚未真正普及。但笔者相信，只要 Midjourney 的开发企业持续进行良好的维护，增强生成图像时的可控性，修改调整功能，日后它终将会和 Photoshop 一样得到大家广泛的使用。目前所有的 AI 图像生成工具的操作方式都大同小异，会了其中一个，其他稍加研究便可以掌握。未来也许会出现功能更为强大的 AI 图像生成工具，但无论是哪种工具，都可以通过学习掌握其用法。